训家书与中华美德传承

本册编著◎徐 潜 刘 琦

吉林出版集团股份有限公司
全国百佳图书出版单位

吉林·长春

图书在版编目（CIP）数据

家训家书与中华美德传承 / 徐潜, 刘琦编著. -- 长春 ： 吉林出版集团股份有限公司, 2021.6
（中华美德与家教家风丛书）
ISBN 978-7-5581-9357-6

Ⅰ.①家… Ⅱ.①徐… ②刘… Ⅲ.①家庭道德—中国—通俗读物 Ⅳ.①B823.1-49

中国版本图书馆CIP数据核字(2020)第216364号

家训家书与中华美德传承
JIAXUN JIASHU YU ZHONGHUA MEIDE CHUANCHENG

丛书主编：徐 潜
编　著：徐 潜 刘 琦
责任编辑：宫志伟
装帧设计：李 鑫
出　版：吉林出版集团股份有限公司
发　行：吉林出版集团社科图书有限公司
电　话：0431-81629725
印　刷：长春新华印刷集团有限公司
开　本：710mm×1000mm 1/16
字　数：200千字
印　张：14.75
版　次：2021年6月第1版
印　次：2021年6月第1次印刷
书　号：ISBN 978-7-5581-9357-6
定　价：48.00元

前　言

人们常说：父母是孩子的第一任老师，也是孩子终身的老师。这句话就是从家庭教育的层面上说的。任何一个人从小到大，或多或少，或好或坏，都会受到来自父母和家庭的教育，无论这种教育是自觉的，还是不自觉的，都会深入骨髓，留在下一代的生命中，以至于代代相传，进化成某一个家族的文化特征。从这个角度来看，家庭教育既是一种社会的文化活动，也是一种生命的进化活动。如果我们把审视家庭教育的目光，从某个家庭扩展到整个社会，乃至整个民族，就会豁然惊叹，家庭教育会通过无数个小小的家庭，使整个社会蔚然成风，使整个民族蔚为大观。

大家都说，中华文化源远流长，但谁又能说清楚，这股文化的清流，是如何穿过几千年的历史流淌至今？经历王朝的更迭、世事的变迁、外族的入侵，自家的焚坑，然而，中华文化的洪流从没有被阻断。为什么？因为在崇山峻岭的每条小溪里，都流淌着涓涓细流。可以毫不夸张地说，没有无数家庭教育的细流，就没有中华文化的江河；就像人没有毛细血管，四肢就会坏死一样。

无数事例证明，历代圣贤先哲、仁人志士都接受过良好的家庭文化熏陶和教育，大到进德修身，小到行为举止，都对其一生产生了至关重要的影响。有的甚至是几代、十几代，形成了优良的风气，或富贵扬名，或诗书传家，善行美德不绝于世，为后人所传颂。

正因为这个原因，我们希望从中国历代家庭教育的成功案例中，梳理脉络、汲取营养，补当今家庭教育之短。在我们看来，中国历代的家庭教育，与同时代的社会教育相比，有着自己的特点：

一是具有内容上的复杂性和丰富性。既有精英文化的孔孟之道，也有许多民俗文化的内容。因为只要不在学校，所以长辈就是老师，对孩子的教育既是随机的，又是具体情境下的，常常是遭遇事情、解决问题式的教育，所以有针对性，不像课堂讲课那样，有固定的内容和规范的思路。孟母三迁、曾子杀猪、《朱子格言》《曾国藩家书》，都是如此。可见这些家庭教育的内容，是既丰富又深刻的。

二是教育方式更灵活，更直接，更碎片化，甚至深入到具体的生活细节当中。对于家庭教育的双方来说，师生共同生活在一个环境中，或者是一个大家族的环境中，朝夕相处，彼此熟悉了解，有亲情，也有尊卑，因此教育中可以谈心、开导，也可以训话、呵斥，甚至威胁、惩罚也是常有的。比如《颜氏家训》《温公家范》《袁氏世范》就是谆谆教诲，侃侃而谈。《康熙庭训》、"陶母封坛责子"就是正襟危坐，严肃训导。而"包拯家训"和"李勣临终教子"语气之坚毅、手段之严厉，不会出现在现场教学中。又比如古今很多教子的场景都是在病榻之前、临终之时，给受教育者以刻骨铭心的记忆，这也是学校教育所不具备的。

三是家庭教育更具有言传身教、双管齐下的特质，甚至身教重于言传。家庭教育与其说是教导出来的，不如说是熏陶出来的。很难想象一个贪婪凶残的父亲，能"教育"出廉洁无私的孩子。一个刁钻狠毒的母亲，很大程度上会带出刻薄尖酸的孩子。然而，任何人都会有缺点，历代的仁人君子都善于在子孙面前约束自己，以正其身。所以司马光在《家范》中讲陈亢向孔子学习的故事，不仅知道了《诗》《礼》的价值，更重要的是明白了圣贤与自己子女相处不能过于随意、要遵循礼仪的道理。

四是早教。早教是历代家训的话题，或许中国古时候，除了帝王皇室或达官贵人，鲜有幼儿园的教育机构，所以先贤们无不认为，孩子应该进行早教。《颜氏家训·教子》引孔子的话"少成若天性，习惯如自然"，意思是说：小的时候觉得本应如此，长大后就习惯成自然，也就是说人如果养成不好的习惯就难以改正了。所以，颜之推引俗谚曰"教妇初来，教儿婴孩"，意思是说：教育媳妇，刚嫁过来就开始；教育孩子，刚生下来就开始。这话说得一点没错。其实，早教的意思很丰富。孩子一生下来就着手教育，甚至胎教，那是早教；而发现孩子有了不好的习惯，犯了错误，及时纠正，也是早教。后者甚至更重要。

五是责任。孔子曰："子不教，父之过。"所以先人很有"我的孩子，我不教谁教"的责任感。看到那些家书、家训、家规和数不胜数的家教事迹，任何人都不能不为之感动。当今的家长，孩子从学文化、学知识，到学一切，都到各种学校，美其名曰"专业的事，交给专业的人"。这并没有错，但你是孩子的父母，要知道，好孩子都是父母教出来的。父母不能只注重做保姆、保镖的工作，更要注重教育，这是责无旁贷的责任与义务。

本书名为《家训家书与中华美德传承》，主要精选了从儒家元圣周公到现代翻译家傅雷的历代中华经典家训家书文字，作者将这些家训家书做了详细准确的翻译和深入透彻的解读，希望这些名人名家的家训家书能够对中华优秀传统美德进行良好的传承与接续，也希望本书能够给人们提供一些家庭教育的范本和榜样。但由于眼界所限，能力不足，难免偏颇，欢迎读者批评指正。

编著者

2021年5月

目 录

第一章

周公《诫伯禽书》

君子不施其亲，不使大臣怨乎不以。

——周公姬旦

周公，姬姓，名旦，是我国商末周初重要的政治家、军事家、思想家和教育家。他是周文王姬昌第四个儿子，周武王姬发的弟弟，曾两次辅佐周武王东伐纣王，并制作礼乐。因为其封地在周（今陕西凤翔），爵为上公，故称周公，被历代大儒和统治者所推崇。

周公摄政七年，提出了诸多根本性的典章制度，充实和完善了宗法制、分封制、嫡长子继承制和井田制。周公七年归政成王，正式确立了周王朝的嫡长子继承制，这些制度以宗法血缘为纽带，把家族和国家、政治和伦理扭合在一起，对中国几千年的封建社会产生了深远的影响，为周代八百年的统治奠定了基础。

而周公写给儿子伯禽的家书——《诫伯禽书》，则是中国教育史上的第一部家训，周武王亲政后，将鲁地封给周公之子伯禽，周公在家书中告诫将去封地的儿子应该怎样，不能怎样，从日常待人接物的处事方式到长治久安的统治经验，深入浅出，循循善诱，可谓用心至深。

原 文

君子不施其亲，不使大臣怨乎不以。故旧无大故则不弃也，无求备于一人。

君子力如牛，不与牛争力；走如马，不与马争走；智如士，不与士争智。

德行广大而守以恭者荣，土地博裕而守以俭者安，禄位尊盛而守以卑者贵，人众兵强而守以畏者胜，聪明睿智而守以愚者益，博文多记而守以浅者广。

去矣，其毋以鲁国骄士矣！

译　文

德行宽厚的人不怠慢自己的亲戚，不能让大臣抱怨没有被任用。所以说，人如果没有犯严重的过失，就不要离弃他，不要对他人求全责备。

有德行的人即使力大如牛，也不能去与牛竞力；即使跑得像马一样快，也不能与马去争速度；即使智慧如士，也不能与士去较量智力高下。

德行宽厚却恭敬待人，就会得到荣誉；土地广袤却克勤克俭，就没有危机；禄位尊盛却谦卑自守，就能常保富贵；人多兵强却心怀敬畏，就能常胜不败；聪明睿智却认为自己愚钝无知，就是明哲之士；博闻强记却自觉浅陋，那是真正的聪明。

上任去吧，不要因为鲁国的条件优越而对士傲慢啊！

解　析

这是目前可见的、有文字记载的、最早的教子家书。周公在家书中给儿子点明了仁人君子的必备美德：德行宽厚、恭敬待人、克勤克俭、谦卑自守等。

据史书记载，除了上文周公告诫儿子去鲁国要遵循的六个方面外，还有一席话。周公说："你不要因为受封于鲁国就怠慢、轻视那里的人才。我是文王的儿子，武王的弟弟，成王的叔叔，又身兼辅佐天子的重任，我在天下的地位也算是尊贵的了。可是，一次沐浴，要多次停下来，握着头上已散开的头发，出来接待宾客；吃一顿饭，要多次停下来，唯恐因怠慢而失去人才。这是要伯禽礼贤下士，可谓语重心长、情深意切。当然，伯禽也没有辜负父亲的厚望，仅仅几年就把鲁国治理成民风淳朴、务本重农、崇教敬学的礼仪之邦。所以，后来的圣贤先哲都尊称周公为"元圣"。孔子对周公尤为敬仰和赞美，曹操也有"周公吐哺，天下归心"的诗句，可见历史上对其推崇备至。

从周公的《诫伯禽书》，我们可以了解到家书中所体现出来的仁厚谦和、宽容忍让的思想已经成为一种为后世所公认的美德。其实，小到一个家庭，大到一个国家，小到孔融让梨，大到将相和，都是一个道理。《诫伯禽书》虽然很短，但其思想深刻，从现实中的待人接物、教诲修身入手，从而揭示治国理政平天下的精要，堪称中华家教开山第一书。

第二章

马援《诫兄子严敦书》

好议论人长短，妄是非正法，此吾所大恶也，宁死不愿闻子孙有此行也。

——马援

题 解

马援（前14—49），字文渊，扶风茂陵（今陕西兴平）人。东汉初期著名军事家，为光武帝刘秀的东汉统一立下了赫赫战功。天下统一之后，马援虽已年迈，但仍请缨东征西讨，西破羌人，南征交趾，因功封新息侯。

马援平生多豪言壮语："丈夫为志，穷当益坚，老当益壮。""男儿要死当死于边野，以马革裹尸还葬，何能卧床上在儿女手中邪？"六十二岁还请求带兵出征，最后病死在军中。其老当益壮、马革裹尸的气概甚得后人崇敬。后因梁松诬陷，死后被光武帝收回新息侯印绶。

马援有两个侄子马严和马敦，这兄弟俩都爱讥讽、议论他人，并且喜欢和一些轻浮油滑之人交游。马援在军中得知此事后，便写了一封信去教导他们，这信就是流传至今的《诫兄子严敦书》。

原 文

援兄子严、敦并喜讥议，而通轻侠客。援前在交趾，还书诫之曰：

"吾欲汝曹闻人过失，如闻父母之名，耳可得闻，口不可得言也。好议论人长短，妄是非正法，此吾所大恶也，宁死不愿闻子孙有此行也。汝曹知吾恶之甚矣，所以复言者。施衿结缡，申父母之戒，欲使汝曹不忘之耳！龙伯高敦厚周慎，口无择言，谦约节俭，廉公有威。吾爱之重之，愿汝曹效之。杜季良豪侠好义，忧人之忧，乐人之乐，清浊无所失。父丧致客，数郡毕至。吾爱之重之，不愿汝曹效也。效伯高不得，犹为谨敕之士，所谓'刻鹄不成尚类鹜'者也。效季良不得，陷为天下轻薄子，所谓'画虎不成反类狗'者也。讫今季良尚未可知，郡将下车辄切齿，州郡以为言。吾常为寒心，是以不愿子孙效也。"

译 文

我兄长的儿子马严和马敦，都喜欢讥讽议论别人的事，而且爱与轻浮的侠士结交。我在前往交趾的途中，写信告诫他们：

"我希望你们听说了别人的过失，就像听见了父母的名字，耳朵可以听进去，但口中不可以议论。喜欢议论别人的长短，妄议朝廷的法度，这些都是我深恶痛绝的，我宁可死，也不希望自己的子孙有这种行为。你们知道我非常厌恶这种行径，这是我一再强调的原因。就像女儿在出嫁前，父母一再地告诫那样，我希望你们不要忘记。龙伯高这个人敦厚诚实，说的话没有什么可以让人指责的，谦恭节俭，又不失威严。我爱护、敬重他，希望你们向他学习。杜季良这个人是个豪侠，有正义感，把别人的忧愁当作自己的忧愁，把别人的快乐当作自己的快乐，无论人好人坏都结交。他的父亲去世时，来了很多人。我爱护、敬重他，但不希望你们学习他。学习龙伯高不成功，还可以成为谦恭谨慎的人。正所谓雕刻鸿鹄不成，可以像一只鹜鸭。一旦你们学习杜季良不成功，那就成了纨绔子弟，正所谓'画虎不像反像狗'了。到现今杜季良还不知道，郡里的将领们刚到任就咬牙切齿地恨他，州郡内的百姓对他很有意见。我时常替他寒心，这就是我不希望子孙学习他的原因。"

解 析

马援对侄子马严、马敦平时喜欢讥评时政、结交侠客的事情很担忧，他虽远在军中，还是写了封情真意切的信，训导他们兄弟二人，信中饱含长辈对晚辈的关怀和期待：一是希望侄子马严、马敦改掉好妄议的毛病；二是要他们学习龙伯高厚道谨慎、谦恭节俭、廉明公正的优点；三是提醒他们注意交友，远离纨绔子弟。

以上几点无疑都是年轻人成长中需要注意的事项，马援也没有表现出对杜季良的恶意，只是站在自家孩子的人生发展的角度对他们进行提醒，本无可非议。然而，据《资治通鉴》记载：这封对侄子谆谆教诲的家信，被杜季良的仇家看见并利用，以此上书，痛斥杜季良"行为轻浮，惑乱群众"，就连伏波将军马援都从万里之外写信告诫侄子们不要学他。因为像杜季良这样轻浮之人，势必败坏和扰乱国家。奏书呈上后，刘秀下令免去杜季良的官职。由于皇上的女婿梁松也喜好与杜季良交往，于是，刘秀也因此痛责了梁松。从此，梁松开始怨恨马援。后来在马援年迈出征，战事不利，疫死疆场时，他凭借驸马爷的身份勾结同党构陷马援，说马援将明珠文犀偷运回家，而事实上根本没有这么回事，所谓的明珠文犀只是南方颗粒较大的薏米罢了。后来，还流传下来一个典故，叫薏苡明珠，意思就是说薏米被进谗的人说成了明珠，比喻好人被诬蔑，蒙受冤屈。然而，谗言最终导致刘秀大怒，收回了马援新息侯的印绶。像这样因为一封家书而引发一场冤情的事，在古今历史上也是绝无仅有的吧。

第三章

诸葛亮的《诫子书》与《诫外甥书》

夫君子之行，静以修身，俭以养德。非淡泊无以明志，非宁静无以致远。

——诸葛亮

一、《诫子书》

题 解

诸葛亮（181—234），字孔明，号卧龙，徐州琅琊阳都（今山东临沂市沂南县）人，三国时期蜀汉丞相，杰出的政治家、军事家、散文家。在世时被封为武乡侯，死后追谥忠武侯。诸葛亮为匡扶蜀汉政权，呕心沥血，鞠躬尽瘁，于蜀汉建兴十二年（234）在五丈原（今宝鸡岐山境内）逝世，后被尊崇为忠臣楷模，智慧化身。其散文代表作有《出师表》《诫子书》等。

《诫子书》是诸葛亮临终前写给他八岁的儿子诸葛瞻的一封家书。诸葛亮终其一生都在为蜀汉事业而日夜操劳，没有时间和精力亲自教育儿子，于是写下这篇书信教育诸葛瞻。信虽简短，意蕴深长，是千古流传的家书典范。

原 文

夫君子之行，静以修身，俭以养德。非淡泊无以明志，非宁静无以致远。夫学须静也，才须学也，非学无以广才，非志无以成学。淫慢则不能励精，险躁则不能治性。年与时驰，意与日去，遂成枯落。多不接世，悲守穷庐，将复何及！

译 文

君子必须靠内心纯静来滋养身心，以俭朴节约来培养品德。不恬静寡欲就无法明确志向，不宁心静气就无法高瞻远瞩。学习必须静心专一，而才干来自勤奋学习。如果不学习就无法增长自己的才干，不明确志向就不能在学习上获得成就。纵欲放荡、消极怠慢就不能勉励心志、振作精神，冒险草率、急躁不安就不能修养性情。年华随时光而飞驰，意志随岁月消逝，最终像枯叶一样衰败飘落。世上大多数学子，不接触世事，只能悲哀地困守在自己的破房子里，此生遗憾，追悔莫及。

解 析

《诫子书》的主旨是劝勉儿子勤学立志，信虽短，却表达了三层意思：一是阐明宁静以修身、俭约以养德、淡泊以致远的道理，鼓励儿子勤学励志，从淡泊和宁静的自身修养上去下功夫。二是训诫儿子切忌心浮气躁，举止荒唐，要稳得下来，学得进去。三是以慈父的口吻教导儿子：少壮不努力，老大徒伤悲。这不仅是他人生的总结，也是历史反复证明颠扑不破的真理。以上几点，早已是中国人教育孩子不可或缺的要点。

二、《诫外甥书》

题 解

如果说《诫子书》阐述了修身学习的重要性，那么《诫外甥书》则强调了立志做人的必要性。诸葛亮在信中谈了必须立志、为何立志、如何立志的道理以及青年人胸无大志的危害，提出了"志当存高远"的千古人生命题。

原 文

夫志当存高远，慕先贤，绝情欲，弃疑滞，使庶几之志，揭然有所存，恻然有所感；忍屈伸，去细碎，广咨问，除嫌吝，虽有淹留，何损于美趣，何患于不济。若志不强毅，意不慷慨，徒碌碌滞于俗，默默束于情，永窜伏于凡庸，不免于下流矣！

译 文

一个人应该确立远大的志向，追求仰慕圣哲先贤，掌控节制七情六欲，去掉郁结在胸中的俗欲杂念，使即将达到圣贤的那种崇高志向，在你身上清楚地凸显出来，使你精神为之振奋，心灵上感悟到它的激励。要能够经得起一帆风顺、曲折坎坷等不同境遇的考验，摆脱琐碎事务和庸俗感情的纠缠，广泛地向人请教，根除自己怨天尤人的情绪。做到这些以后，虽然也可能在事业上暂时看不到进展，但那种情况并不会毁掉自己高尚的情趣，又何必担心事业不能成功呢！如果人生志向不坚毅，理想境界不开阔，沉溺于世俗私情，碌碌无为，长久地混迹于平庸的人群中，就难免会沉沦，成为缺乏教养、没有出息的人。

解　析

诸葛亮的《诫子书》和《诫外甥书》，可以说是诸葛亮家教思想的姊妹篇。

首先，诸葛亮提出"志当存高远"，阐述如何立志：一是"慕先贤"，即要以古圣先贤作为榜样，向他们看齐；二是"绝情欲"，即断绝各种对人生成功有阻碍的情欲，可以指爱情或情欲，也可以是各种物欲贪念；三是"弃疑滞"，就是要摒弃那些繁杂琐事的困扰，避免被那些无关痛痒的琐事或者烦恼消磨自己的意志。做到以上三点，方能立大志，存长远之志。

其次，要能做到"忍屈伸，去细碎，广咨问，除嫌吝"。其实就是要能屈能伸、随遇而安，能够摒弃心中与立志成才无关的杂念，听取别人的意见，吸取他人的经验，做到眼界开阔，心胸豁达。只有这样，才不至于沦为人格庸俗、地位低下的人，进而在平庸中耗尽一生！

诸葛亮的这篇文章只有短短八十余字，但却有很深的内涵，为有志者点亮了成才的明灯，为年轻人指明了实现理想的方向。

第四章

琅琊王氏家训

言行可覆，信之至也；推美引过，德之至也。

——王祥

题 解

士族是魏晋南北朝时期地主豪强中享有政治、经济特权的家族阶层。曹魏九品中正制规定门第为定品的主要条件，使当朝显贵子弟官运亨通，广占田地、佃客和奴婢。因此，魏晋士族必是当朝达官显贵，只有在魏晋获得政治地位，尤其是能够蝉联政治地位的家族，才有资格列名士族。琅邪王氏即为当时颇负盛名的士族。

琅琊王氏渊源于两汉，鼎盛于魏晋，其势力范围集中于琅琊临沂（今山东临沂），据《二十四史》记载，从东汉至明清1700多年间，琅琊王氏共培养出了以王吉、王导、王羲之、王元姬等为代表的35个宰相、36个皇后、36个驸马和186位文人名士。琅琊王氏能够有这样的成就，与流传下来的家训有很大关系。

琅琊王氏第一代的家训，为汉代琅琊王氏先祖王吉所倡导，极富传奇，当初只有六个字："言宜慢，心宜善。"

"言宜慢"就是劝告人说话不要太过随意，要谨言，小心祸从口出。当时的王吉在汉武帝嫡孙刘贺手下为官，但是刘贺却荒淫无度，身边多有溜须拍马的小人。很多忠良之士都被小人算计了，王吉对自己的未来非常担心。这个时候一位老人给他指点迷津，留下了"言宜慢"三个字，王吉也凭着这三个字在官场上获得了很好的名声，被汉文帝提拔为谏议大夫。

王吉成为谏议大夫之后，打击了很多政敌，并有很多次把政敌收拾得很惨。神奇的是，有一次王吉在返乡途中又遇到了那个给他"言宜慢"三字箴言的老人，而且又得到老人送的另外三个字，让他"心宜善"。于是王吉痛改前非，在官场上善待他人、公平公正，即使是自己的政敌也是秉公办理。因此，得到了大多数人，甚至政敌的认可，他的政治地位也愈加稳固。对此王吉感慨颇深，于是在家中以此六字立下了家训。

本文所录《琅琊王氏家训》，被认为是琅琊王氏家训的"总训"。据《晋书·卷三十三·列传第三》中有《训子孙遗令》一文传世，此即源于王祥临终遗嘱。

王祥，字休征，琅琊临沂人，是汉谏议大夫王吉的后代。王祥非常孝顺。母亲早死，继母朱氏对他不慈爱，多次在父亲面前说他的坏话，所以父亲也不喜欢他，常使他打扫牛圈，但王祥对待父亲、继母却更加恭谨。父母有病时日夜伺候，不脱衣睡觉，汤药必自己先尝。母亲想吃鲜鱼，但当时天寒冰冻，王祥二话不说脱下衣服，准备砸冰捕鱼，忽然冰块融化，跳出两条鲤鱼，王祥拿着鲤鱼回去孝敬母亲。他的孝心就是如此纯正。《二十四孝》里的"卧冰求鱼"写的就是他的故事。

晋武帝司马炎受禅即帝位，王祥拜为太保，晋爵为公，府中可置七官。王祥病重的时候，写下遗嘱训诫子孙。

原　文

（夫）言行可覆，信之至也；推美引过，德之至也；扬名显亲，孝之至也；兄弟怡怡，宗族欣欣，悌之至也；临财莫过乎让：此五者，立身之本。

译　文

言行能够一致，是诚信的最高境界；把美名推让给别人而自己承担过失，是美德的最高境界；传播好名声使亲人显赫于世，是孝顺的最高境界；兄弟和乐，宗族欢欣，是悌的最高境界；在财物面前没有比谦让更好的了：这五条，是处世立身的根本。

解 析

　　豪门士族得以传世，与其家风息息相关，琅琊王氏的家训家风很值得后人反思。从王吉的"言宜慢，心宜善"这六个字，到王祥的言行一致、推功揽过、孝顺双亲、和睦兄弟、谦让财物这五条处世立身准则，都很能体现古代仁人君子的风度和品格。这些为人处世的道德准则和待人接物的行为规范，说来简单，但要想每一项都做到位，却非常难，需要极高的修为和涵养，也是今人需要学习和修炼的。

第五章

陶渊明 《诫子严等疏》

《诗》曰：「高山仰止，景行行止。」虽不能尔，

至心尚之。

——陶渊明

题 解

陶渊明（365—427），东晋时期诗人、辞赋家、散文家。一名潜，字元亮，号五柳先生。浔阳柴桑（今江西九江）人。曾祖陶侃是东晋开国元勋，祖父做过太守，父亲早死，母亲是东晋名士孟嘉的女儿。由于父亲早死，他从少年时代就生活在贫困之中。后曾做过几年小官，又因厌烦官场辞官回家，从此隐居。田园生活是陶渊明诗文的主要题材，代表作有《饮酒》《归园田居》《桃花源记》《五柳先生传》《归去来兮辞》等。传世作品共有诗125首，文12篇，后人编为《陶渊明集》。

《诫子俨等疏》是陶渊明的一封家信。诗人在信中表明了自己的思想和人生态度，告诫儿子们要互相友善，期望儿子们也能效仿他的人生理想、处世准则，体现出诗人清雅的志趣及深厚的舐犊之情。

原 文

告俨、俟、份、佚、佟：

天地赋命，生必有死。自古圣贤，谁能独免？子夏有言："死生有命，富贵在天。"四友之人，亲受音旨。发斯谈者，将非穷达不可妄求，寿夭永无外请故耶！

吾年过五十，少而穷苦，每以家弊，东西游走。性刚才拙，与物多忤。自量为己，必贻俗患。僶俛辞世，使汝等幼而饥寒。余尝感孺仲贤妻之言，败絮自拥，何惭儿子？此既一事矣。但恨邻靡二仲，室无莱妇，抱兹苦心，良独内愧。

少学琴书，偶爱闲静。开卷有得，便欣然忘食。见树木交荫，时鸟变声，亦复欢然有喜。常言五六月中，北窗下卧，遇凉风暂至，自谓是羲皇上人。意浅识罕，谓斯言可保。日月遂往，机巧好疏。缅求在昔，眇然如何！

疾患以来，渐就衰损，亲旧不遗，每以药石见救，自恐大分将有限也。汝辈稚小家贫，每役柴水之劳，何时可免？念之在心，若何可言！然汝等虽不同生，当思四海皆兄弟之义。鲍叔管仲，分财无猜；归生伍举，班荆道旧。遂能以败为成，因丧立功。他人尚尔，况同父之人哉！颍川韩元长，汉末名士，身处卿佐，八十而终，兄弟同居，至于没齿。济北汜稚春，晋时操行人也，七世同财，家人无怨色。

《诗》曰："高山仰止，景行行止。"虽不能尔，至心尚之。汝其慎哉，吾复何言！

译 文

告诫严、俟、份、佚、佟诸子：

天地赋予人类生命，有生必然有死。从古至今，即便是圣贤之人，谁又能逃避死亡呢？子夏曾经说过："死生之数自有命定，富贵与否在于天意。"孔门四友之辈，亲身得到孔子的教诲。子夏之所以讲这样的话，正是因为人生的穷达不可非分地博取，性命的长短不能在命定之外求得。

我已经年过五十，年少时历经穷苦，家中常常贫乏，不得不在外四处奔波。我性格刚直，不善逢迎取巧，多与世俗不合。为自身考量，长此以往必然多有隐患。于是尽力辞去官场世俗事务，因而也造成你们从小就过着贫穷饥寒的生活。我曾被王霸妻子的话所感动——自己穿着破棉袄，又何必在儿子面前而感到羞愧呢？这个道理是一样的。我只遗憾没有求仲、羊仲那样的邻居，家中没有像老莱子妻那样的夫人，抱着这样的歉疚，内心很是惭愧。

我少年时曾学习弹琴、读书，向来喜欢悠闲清静。打开书卷，心有所获，便高兴得连饭也忘记吃了。看到树木枝繁叶茂，听见随时飞来的鸟儿各种啼鸣，我也十分欣喜。我常常说，五、六月里，在北窗下闲躺着，遇到凉风一阵阵吹过，便自认为回到伏羲氏以前的上古时代了。我的思想单纯，见识不多，觉得可以保持这样的生活也不错。时光逐渐逝去，逢迎取巧那一套我还是难以接受。希望恢复过去的那种生活，是多么渺茫！

自从患病以来，身体逐渐衰老，亲戚朋友们不嫌弃我，常常拿药给我医治，我担心自己的寿命不会很长了。你们年纪幼小，家中贫穷，只能经常打柴挑水，什么时候才能不这样呢？这些事情总是让我牵挂，可是又能说什么呢！你们兄弟几人虽然不是一母所生，但应当理解普天下的人都是兄弟的道理。鲍叔牙和管仲分钱财时，互不猜忌；归生和伍举久别重逢，便坐在路边荆条上畅叙旧情。于是才使得管仲由失败转向成功，伍举在逃亡后回国建功。他们并非亲兄弟尚且能够这样，何况你们是同一父亲的儿子呢！颍川的韩元长，是汉末的一位名士，官居卿佐，年享八十，兄弟们在一起生活，直到去世。济北的氾稚春，是晋代品行高尚的人，他们家七代没有分家，共同拥有财产，但全家人没有不满意的。

《诗经》上说："对先贤的德行像高山般敬仰，对古人的行为效法践行。"虽然我们达不到那样高的境界，但应当以笃诚之心敬仰崇尚他们的美德。你们要谨慎为人处世，真能如此，我还有什么话好说呢！

解 析

陶渊明五十三岁时，所患痁疾曾一度加剧，他自恐来日无多，便怀着生死由命的达观态度，给几个儿子写下了这封当作遗训的家书。

一是回首过往，追述平生志趣，阐释了"穷达不可妄求"的生活哲理。二是以病重难久的心情来交代后事，没有丰厚的财产留给儿子，内心充满了挂念和歉疚。但诗人还是真诚地希望儿子们能像鲍叔牙、管仲那样对待家产，像归生、伍举那样念及情谊，像韩元长那样兄弟同居，像氾稚春那样七世同财，可谓语重、情深、意长。

这封家书很能体现陶渊明的写作风格，在清丽简洁的语言中，动之以情，晓之以理，历来为后人推崇。

第六章

颜之推 《颜氏家训》

用其言，弃其身，古人所耻。凡有一言一行，取于人者，皆显称之，不可窃人之美，以为己力；虽轻虽贱者，必归功焉。

——颜之推

题 解

颜之推（531—约597），南北朝时期的文学家和教育家。字介，生于江陵（今湖北江陵），祖籍琅琊临沂（今山东临沂）。颜之推年少时因不喜虚谈而居家自学，研习《仪礼》《左传》及各种典籍，由于博览群书、辞情并茂而闻名当地，得到南梁湘东王萧绎赏识，十九岁便被任为国左常侍。颜之推生逢战乱，仕途坎坷。侯景之乱中险遭杀害，得王则相救而幸免于难，事态平息后奉命校书。承圣三年（554），西魏攻陷江陵，颜之推又被俘，遣送西魏。为了回江南，颜之推趁黄河涨水，历险偷渡逃到北齐，由于南方陈朝已取代了梁朝，只好留在北齐出仕，官至黄门侍郎。北齐被北周推翻，颜之推被征为御史上士。北周被隋取代后，他于开皇年间被召为学士，约于开皇十七年（597）因病去世。

颜之推命途多舛，一生几多起伏，这为他的创作提供了大量的人生经验。因为博学且勤奋，一生著述颇丰，可惜大多已亡佚，今有《颜氏家训》和《还冤志》两书存世。

《颜氏家训》是中国历史上第一部内容丰富、体系完整的家训，"为古今家训之祖"。该书著成于隋初，是颜之推人生经历、学识积淀、思想精髓的集大成，也是训诫颜氏子孙的人生教科书。全书七卷二十篇，涉及人生的方方面面。分别是序致第一、教子第二、兄弟第三、后娶第四、治家第五、风操第六、慕贤第七、勉学第八、文章第九、名实第十、涉务第十一、省事第十二、止足第十三、诫兵第十四、养生第十五、归心第十六、书证第十七、音辞第十八、杂艺第十九、终制第二十。本书限于篇幅，根据主题的需要，对《颜氏家训》中较能体现中华传统美德思想的章节做了筛选，对章节中的具体内容做了必要的删节。

一、教子篇

原文

　　上智不教而成，下愚虽教无益，中庸之人，不教不知也。古者，圣王有胎教之法：怀子三月，出居别宫，目不邪视，耳不妄听，音声滋味，以礼节之。书之玉版，藏诸金匮。生子咳提，师保固明孝仁礼义，导习之矣。凡庶纵不能尔，当及婴稚，识人颜色，知人喜怒，便加教诲，使为则为，使止则止。比及数岁，可省笞罚。父母威严而有慈，则子女畏慎而生孝矣。吾见世间，无教而有爱，每不能然。饮食运为，恣其所欲，宜诫反奖，应诃反笑，至有识知，谓法当尔。骄慢已习，方复制之，捶挞至死而无威，忿怒日隆而增怨，逮于成长，终为败德。孔子云"少成若天性，习惯如自然"是也。俗谚曰："教妇初来，教儿婴孩。"诚哉斯语！

　　凡人不能教子女者，亦非欲陷其罪恶；但重于诃怒，伤其颜色，不忍楚挞惨其肌肤耳。当以疾病为谕，安得不用汤药针艾救之哉？又宜思勤督训者，可愿苛虐于骨肉乎？诚不得已也！

　　人之爱子，罕亦能均；自古及今，此弊多矣。贤俊者自可赏爱，顽鲁者亦当矜怜。有偏宠者，虽欲以厚之，更所以祸之。共叔之死，母实为之。赵王之戮，父实使之。刘表之倾宗覆族，袁绍之地裂兵亡，可为灵龟明鉴也。

　　齐朝有一士大夫，尝谓吾曰："我有一儿，年已十七，颇晓书疏，教其鲜卑语及弹琵琶，稍欲通解，以此伏事公卿，无不宠爱，亦要事也。"吾时俯而不答。异哉，此人之教子也！若由此业，自致卿相，亦不愿汝曹为之。

具有上等智力的人，不用教育就能成才，才智低下愚钝的人，即使教育再多也不会聪明，只有绝大多数普通人需要教育，不教育就不会开化。古时候的圣王，有"胎教"的做法：怀孕三个月的时候，就去住到别的房子里，眼睛不能随便看，耳朵不能乱听。听音乐吃美味，都按照仪仪加以节制。还得把这些做法写到玉版上，藏进金柜里。到胎儿出生还在幼儿时，担任"师保"的人，就要讲解孝、仁、礼、义，来引导学习。普通老百姓家纵使做不到这样，也应该在婴儿能够看懂人的脸色、分辨出喜怒时，就加以教导训诲，知道什么该做，什么不该做。等到长大几岁，就不至于再受鞭打惩罚。只要父母威严又慈爱，子女自然敬畏、谨慎，会行孝道了。见到世上那种对孩子缺乏教育而只是一味溺爱的，我总是不敢苟同。任意放纵孩子吃喝玩乐，不加管制，该批评时反而夸奖，该责骂时反而嬉笑，等孩子长到懂事的时候，就认为道理本来就是这样。到骄傲怠慢已经成为习惯时，才想起来加以制止，那个时候，纵使用鞭子、棍棒抽打，惩罚得再严厉狠毒也缺乏威严，愤怒冲天也只会增加儿女的怨恨，直到长大成人，最终成为品德败坏的人。孔子说的"从小养成的就像天性，习惯了的也就成为自然"是很有道理的。俗谚说："教媳妇要在初来时，教儿女要在婴孩时。"这话是真理。

　　普通人不能教育好子女，也并非想要使子女陷入罪恶的境地，只是不愿意使他因受责骂训斥而心神沮丧，不忍心使他因挨打而肌肤苦痛。就拿人生了病来说，难道不用汤药、针刺和艾灸来医治就能自己好了吗？由此来理解那些经常认真督促训诫子女的人，难道愿意对亲骨肉刻薄虐待吗？实在是不得已而为之啊！

　　人们爱孩子，很少能做到一视同仁；从古到今，这种弊病一直都不少。有的孩子聪明伶俐、漂亮可爱，自然博得家长的喜爱，可调皮愚钝的孩子也应该受到家长的怜悯。那种有偏爱的家长，即使是想对孩子有所厚爱，却反而会给他招来灾祸。共叔段的死，就是他的母亲造成的。赵王被杀害，也是他父亲一手造成。刘表的宗族覆灭，袁绍的兵败国亡，这些事情就像用灵龟占卜一样，明镜可鉴啊。

北齐有个士大夫曾经对我说："我有个儿子，已有十七岁，擅长写奏札，教他讲鲜卑语、弹奏琵琶，差不多都学会了，凭这些来为王公大臣效劳，一定会被宠爱的，这才是紧要的事情啊。"我当时低头没有回答。用这种方式来教育培养儿子，真是令人难以理解啊。如果用这种办法当人生阶梯，即使封臣拜相，我也不会愿意让你们去干的。

解析

教子是家庭教育的核心，颜之推在本篇中提出了教子的几项原则：一是教子的重要性和必要性，对普通人家的孩子来说，不教育就不能开化；二是教子重在人性和品格，知礼仪、懂孝道；三是爱孩子不能溺爱，一定要严加训导管教，不能心软，骄纵就是贻害；四是教子必须从小抓起，树立父母应有的威严。否则，不好的习惯根深蒂固，再费力也不讨好。这些教子原则，对后代产生了积极而深远的影响。所谓"子不教，父之过""娇宠无孝子"已成为中华教育传统中的优秀法则。

二、兄弟篇

原　文

夫有人民而后有夫妇，有夫妇而后有父子，有父子而后有兄弟：一家之亲，此三而已矣。自兹以往，至于九族，皆本于三亲焉，故于人伦为重者也，不可不笃。兄弟者，分形连气之人也。方其幼也，父母左提右挈，前襟后裾，食则同案，衣则传服，学则连业，游则共方，虽有悖乱之人，不能不相爱也。及其壮也，各妻其妻，各子其子，虽有笃厚之人，不能不少衰也。娣姒之比兄弟，则疏薄矣。今使疏薄之人，而节量亲厚之恩，犹方底而圆盖，必不合矣。惟友悌深至，不为旁人之所移者，免夫！

二亲既殁，兄弟相顾，当如形之与影，声之与响。爱先人之遗体，惜己身之分气，非兄弟何念哉？兄弟之际，异于他人，望深则易怨，地亲则易弭。譬犹居室，一穴则塞之，一隙则涂之，则无颓毁之虑。如雀鼠之不恤，风雨之不防，壁陷楹沦，无可救矣。仆妾之为雀鼠，妻子之为风雨，甚哉！

兄弟不睦，则子侄不爱；子侄不爱，则群从疏薄；群从疏薄，则僮仆为仇敌矣。如此，则行路皆踏其面而蹈其心，谁救之哉？人或交天下之士，皆有欢爱，而失敬于兄者，何其能多而不能少也？人或将数万之师，得其死力，而失恩于弟者，何其能疏而不能亲也？

人之事兄，不可同于事父，何怨爱弟不及爱子乎？是反照而不明也。

译 文

有了人类然后才有夫妻，有了夫妻然后才有父子，有了父子然后才有兄弟：一个家庭里的亲人，就由这三种关系组成。由此类推，直推衍到九族，都是源于这三种亲属关系，所以这三种关系在人伦中极为重要，不能不重视。兄弟，是形体虽然不同而气质相通的人。当他们幼小的时候，父母左手牵右手携，一个拉着父母衣服的前襟，另一个扯着父母衣服的后摆，同桌吃饭，哥哥穿过的衣服弟弟接着穿，哥哥学习用过的课本弟弟接着用，去同一处地方玩耍。即使有不按礼节胡乱来的，也不可能不相友爱。等到长大成人，各自娶妻生子，即使是诚实厚道的，感情上也不可能不减弱。至于姒娌，比起兄弟来，就愈加疏远而欠亲密了。如今让这种关系疏远情感淡薄的人，来决定关系亲密者之间的关系，就好比那方形的底座要加个圆盖，必然是合不拢了。兄弟之间只有亲密无间，关系才不会受到各自妻子的影响而产生隔阂啊！

父母去世后，兄弟应当相互照顾，好比身形和影子，又像声音和回响那样密不可分。爱护父母给予的体发，顾惜父母给予的生气，除了兄弟，有谁还能如此挂念呢？兄弟之间的关系，与他人不一样，要求过高就容易产生埋怨，而关系密切就容易消除隔阂。譬如住的房屋，出现了一个漏洞就堵塞，出现了一条细缝就填补，那就不会有倒塌的危险。假如有了雀窝鼠洞也不放在心上，风刮雨浸也不加防范，那么就会墙崩柱摧，无从挽回了。仆妾比那雀鼠，妻子比那风雨，怕还更厉害些吧！

兄弟要是不和睦，子侄就不相爱相助；子侄要是不相爱相助，族里的子侄辈就疏远淡薄；族里的子侄辈疏远淡薄，那僮仆之间就成仇敌了。如果这样，即使走在路上的陌生人都可能随意地欺负凌辱他们，那还有谁来施以援手呢？有的人很善于结交天下之士并融洽相处，却对兄长不尊敬，为什么能与大多数人和睦融洽，而对少数人却不能呢？有的人能统率几万大军并让他们冲锋陷阵、誓死效力，却对弟弟不加怜悯友爱，为什么对关系疏远的人尚且如此，偏偏对弟弟做不到呢！

人在侍奉兄长时，不应等同于侍奉父亲，那为什么埋怨兄长爱弟弟时不如爱儿子呢？这就是没有把这两件事对照起来看明白啊！

解 析

中华民族是个非常关注人伦关系且注重礼仪的民族，这种文化源远流长，几乎所有谈社会或家庭的文字，都会涉及。《颜氏家训》诸多篇目都谈到人伦关系问题，而"兄弟篇"可谓是一篇专论，凸显出作者对人伦关系的重视。篇中的训诫围绕兄弟关系展开：第一是长幼有序、"三亲"为重，在夫妻关系、父子关系和兄弟关系中，是有轻重顺序的，教导儿孙要孝顺父母，父慈子孝，方可其乐融融。第二是兄弟如手足，兄弟和睦是人生中最大的财富。尤其是人成年后，有了自己的家庭和孩子，搞好兄弟关系更为重要。第三是不傲慢、尊重人，是搞好兄弟关系的态度，互帮互助才能亲密无间。作者列举了那些能够与许多人或陌路人交接融洽，却与自己兄弟搞不好关系的现象，觉得匪夷所思。这几点见识，都是处理兄弟关系，乃至诸多人伦关系的精髓，也是中华民族在人伦道德、家庭关系方面的美好德行。

三、治家篇

原 文

夫风化者，自上而行于下者也，自先而施于后者也。是以父不慈则子不孝，兄不友则弟不恭，夫不义则妇不顺矣。父慈而子逆，兄友而弟傲，夫义而妇陵，则天之凶民，乃刑戮之所摄，非训导之所移也。

笞怒废于家，则竖子之过立见；刑罚不中，则民无所措手足。治家之宽猛，亦犹国焉。

孔子曰："奢则不孙，俭则固；与其不孙也，宁固。"又云："如有周公之才之美，使骄且吝，其余不足观也已。"然则可俭而不可吝已。俭者，省约为礼之谓也；吝者，穷急不恤之谓也。今有施则奢，俭则吝。如能施而不奢，俭而不吝，可矣。

生民之本，要当稼穑而食，桑麻以衣。蔬果之畜，园场之所产；鸡豚之善，坞圈之所生。爰及栋宇器械，樵苏脂烛，莫非种殖之物也。至能守其业者，闭门而为生之具以足，但家无盐井耳。今北土风俗，率能躬俭节用，以赡衣食；江南奢侈，多不逮焉。

世间名士，但务宽仁；至于饮食馈饷，僮仆减损，施惠然诺，妻子节量，狎侮宾客，侵耗乡党：此亦为家之巨蠹矣。

裴子野有疏亲故属饥寒不能自济者，皆收养之。家素清贫，时逢水旱，二石米为薄粥，仅得遍焉，躬自同之，常无厌色。邺下有一领军，贪积已甚，家僮八百，誓满一千。朝夕每人肴膳，以十五钱为率，遇有客旅，更无以兼。后坐事伏法，籍其家产，麻鞋一屋，弊衣数库，其余财宝，不可胜言。南阳有人，为生奥博，性殊俭吝。冬至后女婿谒之，乃设一铜瓯酒，数脔獐肉。婿恨其单率，一举尽之。主人愕然，俯仰命益，如此者再。退而责其女曰："某郎好酒，故汝常贫。"及其死后，诸子争财，兄遂杀弟。

太公曰："养女太多，一费也。"陈蕃曰："盗不过五女之门。"女之为累，亦以深矣。然天生蒸民，先人传体，其如之何？世人多不举女，贼行骨肉，岂当如此，而望福于天乎？吾有疏亲，家饶妓媵，诞育将及，便遣阍竖守之，体有不安，窥窗倚户。若生女者，辄持将去，母随号泣，使人不忍闻也。

妇人之性，率宠子婿而虐儿妇。宠婿，则兄弟之怨生焉；虐妇，则姊妹之谗行焉。然则女之行留，皆得罪于其家者，母实为之。至有谚云："落索阿姑餐。"此其相报也。家之常弊，可不诫哉！

婚姻素对，靖侯成规。近世嫁娶，遂有卖女纳财，买妇输绢，比量父祖，计较锱铢，责多还少，市井无异。或猥婿在门，或傲妇擅室，贪荣求利，反招羞耻，可不慎欤？

借人典籍，皆须爱护，先有缺坏，就为补治，此亦士大夫百行之一也。济阳江禄，读书未竟，虽有急速，必待卷束整齐，然后得起，故无损败，人不厌其求假焉。或有狼藉几案，分散部帙，多为童幼婢妾之所点污，风雨虫鼠之所毁伤，实为累德。吾每读圣人之书，未尝不肃敬对之。其故纸有《五经》词义，及贤达姓名，不敢秽用也。

吾家巫觋祷请，绝于言议，符书章醮，亦无祈焉，并汝曹所见也。勿为妖妄之费。

译 文

教育感化这件事，从来是自上而下推行的，是先辈对后人产生的影响。所以父亲不慈子女就不孝，兄长不友爱弟弟就不恭敬，丈夫不仁义媳妇就不温顺了。至于父虽慈而子女却忤逆，兄长虽友爱而弟弟却傲慢，丈夫虽仁义而媳妇却泼悍，那就是天生的凶恶之人，要用刑罚杀戮来迫使他畏惧，而不是用训诲诱导能改变的了。

家里没有惩罚、不用鞭打，童仆就会马上犯错；刑罚用得不恰当，那老百姓就会手足无措。治家的宽仁和严格应当相辅相成，也好比治国一样。

孔子说过："奢侈了就会不恭顺，节俭了就会鄙陋。然而，宁愿鄙陋，也不能不恭顺。"孔子还说过："如果有周公那样出众的才华，但假如他既骄傲又吝啬，那么他其他方面的优点也就不值得称道了。"这样说来是可以俭省而不可以吝啬了。俭省，是合乎礼的节省；吝啬，是对困难危急也不施以援手。当今常有讲施舍的人沦为奢侈，讲节俭就落入吝啬。如果能够做到施舍而不奢侈，俭省而不吝啬，那就很好了。

老百姓生活最根本的事情，就是春种秋收获得粮食，种植桑麻纺织衣服。所贮藏的蔬菜果品，是果园场圃所产出；所食用的鸡猪肉食，是鸡窝猪圈所蓄养。还有那房屋器具，柴草蜡烛，没有不是靠种植的东西来制造的。那些擅长保守家业的，即使足不出户，生活必需品都够维持家用，只是家里缺少一口盐井而已。如今，按北方的风俗，人们都能做到省俭节用，能维持温饱就满意了；江南一带富足铺张、豪华奢侈，在勤俭持家这方面远远比不上北方。

世上的名士，只求宽厚仁爱，却落得待客用的饮品食物，被僮仆给揩油，许诺馈赠资助的东西，被妻子给克扣，轻侮宾客，刻薄乡邻，这也是危害家庭的大祸根。

裴子野有远亲故旧，生活饥寒交迫无法自给自足的，他都收养下来。家里一向清贫，有时遇上水旱灾害，用二石米煮成稀粥，尽量让大家都吃上饭，自己也和大家一起吃稀粥，从没有间断。京城邺下有个大将军，贪欲膨胀，搜刮积聚得令人发指，家僮已有了八百人，还发誓凑满一千。早晚每人的饭菜，以十五文钱为标准，遇到有客人来，也不提高标准、添饭加菜。后来犯事被处死刑，吊销籍册、没收家产，光麻鞋就堆有一屋子，衣物收藏了几个库房，其余的财宝，更是数不胜数，多得说不完。在南阳有个人，多年搜罗财物，收藏在家里，但本性上是个吝啬鬼。有一次过冬至，女婿来看他，他只给准备了一小罐的酒，还有几块獐子肉。女婿心想这太少了，没几口就吃尽喝光了。这个人很吃惊，只好勉强应付添上一点，这样添过几次（脸上挂不住了），便回头责怪女儿说："你丈夫太能喝酒，才弄得你一直贫穷。"后来，等到他死后，几个儿子为争夺家产，发生了哥哥竟然杀害弟弟的惨剧。

姜太公说："养多了女儿，是一种耗费。"后汉大臣陈蕃说过："盗贼都不愿偷窃有五个女儿的家庭。"女儿长成，出嫁就要办嫁妆，很耗费钱财，这大大加重了家里的经济负担。但天下的芸芸众生，每个人都是先辈赐给的生命，能对她怎么样呢？世上有不少的人生了女儿不去养育，残害亲生骨肉，做这样丧失天良的事，岂能盼望上天降福。我有个远亲，家里有许多婢妾，有怀孕将要生育的，就派僮仆守候着，临产的时候，盯着窗户守在门口。如果生了女婴，马上拿走弄死，产妇随即号啕哭喊，真叫人不忍心听。

妇女的习性，大多宠爱女婿而虐待儿媳。女婿被宠爱，女儿的兄弟就会产生怨恨；虐待儿媳妇，儿子的姐妹就容易进谗言。这样看来女的不论出嫁还是娶进都会给家庭招来是非和负担，这都是当母亲的那个人所造成的。以至有俗谚说："落索阿姑餐。"这是说在儿媳妇心里，婆婆总是偏心，让自己受到不公正的待遇。所以，就摆脸色、故意冷落来报复婆婆。这是家庭里常见的乱象，能不警戒吗！

缔结婚姻要找贫寒人家，这是当年祖宗靖侯传下来的老规矩。现在人们嫁女儿娶媳妇，就有接受财礼、出卖女儿的，也有输送绢帛买进儿媳妇的，这些人都在攀比门祖和家势，计较锱铢钱财，索取多而回报少，这和做买卖没有什么区别。以至于有的家庭里弄来个下流女婿，有的家庭的主管权操纵在恶儿媳妇手中，贪荣求利，招来耻辱，这样的事情摆在眼前，你能不小心谨慎吗！

借别人的书籍，都必须小心爱护，原有缺失损坏的卷页，要给修补完好，这也是士大夫的百种善行之一。济阳人江禄，每当读书未读完时，即使有紧急事情，也要把书本弄整齐，然后才起身，因此书籍不会损坏，人家对他来求借不感到讨厌。有的人把书籍在桌案上乱丢，以致卷册分散，或是被小孩婢妾弄脏，或又被风雨侵蚀、被虫鼠毁伤，这真是有损读书人的道德。每次我读圣人写的书，从没有不严肃不恭敬的，总是认真庄重地对待。碰到废旧纸上有《五经》文义和先贤达人的姓名，也不敢用在不干净的地方。

我们家里从来不讲巫婆或道僧祈祷神鬼的事情，也没有用符书设道场去祈求的举动，这都是你们所见到的。切莫把精力和钱财花费在这些巫妖虚妄的事情上。

解 析

本篇围绕治家，颜之推主要谈了几个问题：一是树立正确的金钱观，千万不能为富不仁。篇中作者列举了裴子野、京城邺下大将军和南阳吝啬鬼三件事，训诫后人要用正确的态度看待金钱，既不要奢侈挥霍，也不能悭吝抠门，这样都会带来不好的结果。二是生活要恭简节用、勤劳勤俭，反对奢侈浪费。三是正确对待女性，对家庭中的女人既要公平公正，又要小心谨慎地防止女人容易犯的偏袒、有意冷淡的毛病。四是专门表达了自己对书的恭谨和爱护，尤其是对先圣贤哲的书，甚至是一张写有贤哲文字的旧纸，都必须认真庄重、不可轻慢。五是反对在家庭中搞虚妄的妖术，禁止怪力乱神。以上五点，不仅在中国家训家教中，成为千百年来的共识，作为传统的美德，也为历代有识之士所提倡，为万千普通百姓所遵循。

四、风操篇

原　文

《礼》曰："见似目瞿，闻名心瞿。"有所感触，恻怆心眼。若在从容平常之地，幸须申其情耳。必不可避，亦当忍之。犹如伯叔兄弟，酷类先人，可得终身肠断，与之绝耶？又："临文不讳，庙中不讳，君所无私讳。"盖知闻名，须有消息，不必期于颠沛而走也。梁世谢举，甚有声誉，闻讳必哭，为世所讥。又有臧逢世，臧严之子也，笃学修行，不坠门风。孝元经牧江州，遣往建昌督事，郡县民庶，竞修笺书，朝夕辐辏，几案盈积，书有称"严寒"者，必对之流涕，不省取记，多废公事，物情怨骇，竟以不办而还。此并过事也。

近在扬都，有一士人讳审，而与沈氏交结周厚，沈与其书，名而不姓，此非人情也。

昔侯霸之子孙，称其祖父曰家公；陈思王称其父为家父，母为家母；潘尼称其祖曰家祖。古人之所行，今人之所笑也。今南北风俗，言其祖及二亲，无云家者。凡与人言，言己世父，以次第称之，不云家者，以尊于父，不敢家也。凡言姑姊妹女子子；已嫁，则以夫氏称之；在室，则以次第称之。言礼成他族，不得云家也。子孙不得称家者，轻略之也。蔡邕书集，呼其姑姊为家姑家姊，班固书集，亦云家孙，今并不行也。

凡与人言，称彼祖父母、世父母、父母及长姑，皆加尊字，自叔父母已下，则加贤字，尊卑之差也。王羲之书，称彼之母与自称己母同，不云尊字，今所非也。

昔者，王侯自称孤、寡、不穀，自兹以降，虽孔子圣师，及门人言皆称名也。后虽有臣、仆之称，行者盖亦寡焉。江南轻重，各有谓号，具诸《书仪》。北人多称名者，乃古之遗风，吾善其称名焉。

偏傍之书，死有归杀。子孙逃窜，莫肯在家；画瓦书符，作诸厌胜；丧出之日，门前然火，户外列灰，被送家鬼，章断注连。凡如此比，不近有情，乃儒雅之罪人，弹议所当加也。

《礼经》：父之遗书，母之杯圈，感其手口之泽，不忍读用。政为常所讲习，雠校缮写，及偏加服用，有迹可思者耳。若寻常坟典，为生什物，安可悉废之乎？既不读用，无容散逸，惟当缄保，以留后世耳。

江南风俗，儿生一期，为制新衣，盥浴装饰，男则用弓矢纸笔，女则刀尺针缕，并加饮食之物，及珍宝服玩，置之儿前，观其发意所取，以验贪廉愚智，名之为试儿。亲表聚集，致宴享焉。

四海之人，结为兄弟，亦何容易。必有志均义敌，令终如始者，方可议之。一尔之后，命子拜伏，呼为丈人，申父友之敬；身事彼亲，亦宜加礼。比见北人，甚轻此节，行路相逢，便定昆季，望年观貌，不择是非，至有结父为兄，托子为弟者。

译 文

《礼记》上说："见到相似的容貌，就会眼睛发亮；听到相同的名字，就会心中一颤。"这都是因为有所感触，引发了内心的凄怆。如果处在一般情况，应该让这种感情流露出来。但如果是无法回避的情况，就应该忍一忍。譬如伯叔、兄弟等，容貌极像先人，岂能够一辈子因为见到他们就内心悲痛，以至于和他们断绝往来吗？《礼记》上又说："做文章不用避讳，在庙里祭祀也不用避讳，在君王面前不避自己父祖的名讳。"可见，听到先人的名讳时，应该先有所斟酌，不必一定要匆忙回避。梁朝时有个叫谢举的人，很有声望，但听到自己父祖的名讳就哭起来，被世人所讥笑。还有个人叫臧逢世，是臧严的儿子，勤奋好学，品行端正，颇具书生风韵。梁元帝萧绎先前出任江州刺史时，派臧逢世去建昌督办公事，都县的百姓都给他写信，多得堆满了案桌，信上凡是有写了"严寒"一词的，他看到了一定会流泪，而且不再察看其他信件，也不做回信，公事常因此得不到处理，引起人们的责怪埋怨，终于因避讳影响办事而被召回。这都是把避讳的事情做过头了。

　　近来在扬都，有个士人避讳"审"字，同时又和姓沈的士人结交甚好、友情深厚，姓沈的朋友给他写信，落款只署名而不写"沈"姓，这也是避讳到不近人情的地步了。

　　过去侯霸的子孙，称他们的祖父叫家公；陈思王曹植称他的父亲叫家父，母亲叫家母；潘尼称他父辈以前的先人叫家祖。这都是古人对自家先辈的称呼，而为今人所嘲笑的。如今南方和北方的风俗，讲到他的祖辈和父母双亲，没有说"家"的。和别人谈话，讲到自己的伯父，用排行来称呼，不说"家"，是因为伯父不比父亲更尊，不敢称"家"。凡讲到姑、姊妹、女儿，已经出嫁的就用丈夫的姓来称呼，没有出嫁的就用排行来称呼。这是说一旦行了婚礼就成为别的家族的人，不好再用自家的称呼。子孙后人不可以称"家"，是因为他们是晚辈，对他们的称呼尊重程度远达不到长辈那样。蔡邕文集里称呼他的姑、姊为家姑、家姊，班固文集里也说家孙，这些称谓如今都不通行。

　　平常和人交谈，称人家的祖父母、伯父母、父母和长姑，都加个"尊"字，从叔父母以下，就加个"贤"字，以表示尊敬的语气的差别。王羲之写信，称人家的母亲和称自己的母亲用语相同，都不加"尊"字，现在的人认为是不可取的。

从前，王侯自己称自己孤、寡、不谷，从此以后，就连孔子这样的圣师，和弟子谈话都直呼自己的名。后来虽有自称臣、称仆的，但这样做的人越来越少。江南各地方对礼仪重视程度不一样，称谓也各有不同，都记载在专讲礼节的《书仪》这部书上。北方人有很多自己的称呼，这是古代的遗风，我个人还是看好这些称呼的。

旁门左道的书里讲，人死后某一天要回一次家，叫作"回煞"。这一天子孙必须逃避在外，没有人愿意留在家里；要在瓦上画上图像，书写咒符，作各种巫术法术；出丧那天，要门前生火，户外铺灰，除灾去邪，送走家鬼，以求断绝死者所患疾病接着传染祸及活人。所有这类迷信恶俗，都远离了正常人情，是违背儒家学说和不文明的手段，应该禁止并检举。

《礼经》上说："父亲留下的书籍，母亲用过的杯圈，觉得上面残留着父母的汗水和唾液，就不愿意再阅读那些书或再使用杯圈。"正因为这些书，是父亲在世时经常讲习并亲手校勘抄写的，杯圈也是母亲个人使用的，作为父母的遗物可供追思怀念。如果仅仅是一般的书籍，或是公用的器物，也不可能统统废弃不用啊？既然那些书已不再打算阅读，杯圈也不打算再用，那也不该胡乱丢失，而应该封存保留，传给后代。

江南有一种风俗，在孩子出生一周年的时候，要给孩子缝制新衣，沐浴打扮，男孩就用弓箭纸笔，女孩就用刀尺针线，再加上好吃的东西，还有珍宝和衣服玩具，放在孩子面前，看他动念头想拿什么，用来测试他是贪还是廉，是愚还是智，这个仪式叫作"试儿"。相邀各位直系亲属和姑舅姨等表亲，既观看小孩子"抓周"，也借机会招待宴请大家。

无论是哪里的人，结义拜为兄弟，都不能过于随便。一定要与自己志同道合、始终如一的人，才谈得上结拜兄弟。一旦结拜了，就要叫自己的儿子出来拜见，称呼对方为"丈人"，表达对父辈的敬意；自己对对方的双亲，也应该像对自己的双亲一样施礼。近来，见到北方人对这一点很轻率，路上相遇，就可结成兄弟，只需看年纪长幼，不讲对不对，甚至有结父一辈为兄，结子一辈当弟弟的。

解　析

　　风操篇既讲人的家风德行，也讲人的品位格调。在颜之推看来，良好的礼仪不仅是一种教养，更是个人的财富。所以，告诫后人，教养是在日常的生活中一点一滴培育涵养出来的。对于礼仪方面的要求，不仅要学习古人的讲究，也要根据社会的发展，不拘泥于古人。同时，对古人今人的礼仪，南北方不同的风俗特点，都要了然于心，不光要知其然，还要知其所以然，这样才不至于闹出笑话。另外，颜之推对俗礼中的旁门左道是非常看不起的。而注重礼仪，讲究礼仪，得体地展现礼仪是中华传统美德中最重要的内涵。

五、慕贤篇

原　文

　　古人云："千载一圣，犹旦暮也；五百年一贤，犹比髆也。"言圣贤之难得，疏阔如此。傥遭不世明达君子，安可不攀附景仰之乎？吾生于乱世，长于戎马，流离播越，闻见已多。所值名贤，未尝不心醉魂迷向慕之也。人在年少，神情未定，所与款狎，熏渍陶染，言笑举动，无心于学，潜移暗化，自然似之。何况操履艺能，较明易习者也！是以与善人居，如入芝兰之室，久而自芳也；与恶人居，如入鲍鱼之肆，久而自臭也。墨子悲于染丝，是之谓矣。君子必慎交游焉。孔子曰："无友不如己者。"颜、闵之徒，何可世得。但优于我，便足贵之。

世人多蔽，贵耳贱目，重遥轻近。少长周旋，如有贤哲，每相狎侮，不加礼敬。他乡异县，微藉风声，延颈企踵，甚于饥渴。校其长短，核其精粗，或彼不能如此矣。所以鲁人谓孔子为东家丘。昔虞国宫之奇，少长于君，君狎之，不纳其谏，以至亡国，不可不留心也。

用其言，弃其身，古人所耻。凡有一言一行，取于人者，皆显称之，不可窃人之美，以为己力。虽轻虽贱者，必归功焉。窃人之财，刑辟之所处；窃人之美，鬼神之所责。

梁孝元前在荆州，有丁觇者，洪亭民耳，颇善属文，殊工草隶，孝元书记，一皆使之。军府轻贱，多未之重，耻令子弟以为楷法。时云："丁君十纸，不敌王褒数字。"吾雅爱其手迹，常所宝持。孝元尝遣典签惠编送文章示萧祭酒，祭酒问云："君王比赐书翰，及写诗笔，殊为传手，姓名为谁？那得都无声问？"编以实答。子云叹曰："此人后生无比，遂不为世所称，亦是奇事。"于是闻者稍复刮目，稍仕至尚仪曹郎。末为晋安王侍读，随王东下，及西台陷殁，简牍湮散，丁亦寻卒于扬州。前所轻者，后思一纸，不可得矣。

齐文宣帝即位数年，便沉湎纵恣，略无纲纪。尚能委政尚书令杨遵彦，内外清谧，朝野晏如，各得其所，物无异议，终天保之朝。遵彦后为孝昭所戮，刑政于是衰矣。斛律明月，齐朝折冲之臣，无罪被诛，将士解体，周人始有吞齐之志，关中至今誉之。此人用兵，岂止万夫之望而已哉！国之存亡，系其生死。

译 文

古人说："一千年出一位圣人，已经快得像从早到晚之间；五百年出一位贤人，已经频繁得像人群中肩碰肩。"这是讲圣人贤人是如此稀少难得。假如遇上人世间少有的明达君子，怎能不攀附景仰啊！

我出生在乱离的世道，长成在兵荒马乱之间，迁移流亡，因此积攒了不少的见闻。即使如此，遇上名流贤士，依然心驰神往，真心仰慕。人在年少时候，精神性情还未定型，和志趣相投的朋友交往，亲密相处，受到他们的熏陶感染，人家的一言一笑一举一动，即使无心刻意模仿，也会在潜移默化中自然而然地有些相似。何况别人的操行技能，是更为容易学会的东西呢！因此，和善人在一起，如同进入养育灵芝幽兰的花房，时间一久自然就芬芳；若是和恶人在一起，如同进入卖鲍鱼的店铺，时间一久自然就腥臭。墨子看到人们染丝的情景，感叹丝浸染在什么颜色里就会变成什么颜色。所以，君子在交友时必须谨慎。孔子说："不要和不如自己的人做朋友。"像颜回、闵损那样贤明的人，我们一生都很难遇见。只要是比我优秀的人，就很可贵，值得我敬重。

世上的人大多有偏见，重视传说来的事物而轻视亲眼所见的事物，重视向往远处的事物而轻视甚至忽视身边的事物。从小和自己一起长大的人，哪怕是品德优秀、才能过人的贤哲志士，也往往对其轻视，缺少尊敬。而对身居外地他乡的能人异士，稍稍传点名声，就会伸长脖子、踮起脚跟，如饥似渴地想结交成朋友。其实，仔细地确认一下两者的缺点优点，不厌其烦地核验对比他们的长处短处，说实在话，很可能远处的那位还不如自己身边的人呢。所以，鲁国人会把孔子叫作"东家丘"。从前，虞国的宫之奇从小生长在虞君身边，虞君对他很随便，听不进他的劝谏，终于落了个亡国的结局，这么惨痛的教训，真不能不牢记于心啊！

听取了别人的意见却又对他不理不睬，古人认为这是不道德的。一旦采纳了别人的意见办成了事情，就意味着得到了别人的帮助，应该公开说出来，不应该窃取他人的贡献，变成为自己的成果。哪怕是地位远不如你的人，也要肯定他的功劳。偷盗他人的财物，属于犯法，会遭受惩罚；窃取他人的功劳，属于缺德，连鬼神都会谴责。

梁元帝从前在荆州做官时，有个叫丁觇的，是洪亭那里的普通百姓，文章写得不错，尤其擅长写草书、隶书，元帝的往来书信，都叫他代写。可是，军府里的人瞧不起他，没拿他的书法当回事，不愿意让自家子弟临摹学习他的字。当时流传有"丁君写的十张纸，比不上王褒几个字"的说法。我是一向喜爱丁觇的书法的，还经常搜集珍藏。后来，梁元帝派了个名字叫惠编的掌管文书的官吏，送文章给祭酒官萧子云看，萧子云问道："君王刚才所赐的书信诗文，还有一手漂亮的字，果真出于一手。此人姓甚名谁，怎么会毫无名声？"惠编如实回答。萧子云感叹道："此人在后生中没有谁能比得上，却不为世人称道，也算是一件奇怪事情！"从此以后，凡是听到这些话的人，都开始对丁觇稍有刮目相看，丁觇也逐步升迁，做上尚书仪曹郎。最后，丁觇做了晋安王的侍读，随王一路东下。到元帝被杀，江陵陷落，那些书信文件散失埋没，丁觇不久也死于扬州。以前那轻视丁觇的人，以后想要得到丁觇的一纸墨迹，再也不可能了。

齐文宣帝即位刚几年，就沉迷酒色、肆意放纵，法纪全无。但是，他还记得把政事委托给尚书令杨遵彦，才使得内外安定，朝野平静。大家各得其所，也没有冒出什么持不同政见的人，整个天保一朝就这样延续下来了。杨遵彦后来被孝昭帝所杀，国家随即开始衰弱。斛律明月，是齐朝抵御敌人的功臣，却无罪被杀，将士们大失所望，人心离散，周人才产生了灭齐的想法，关中到现在还称颂这位斛律明月。将军这个人的用兵之道，何止是举国万众的指望，更是（因为）他的生死，关系到国家的存亡。

解 析

本篇集中表达了作者仰慕才能求贤若渴的心情。一是人的成长离不开贤才，近朱者赤，近墨者黑。所以要多和正人君子结交，在潜移默化中成为尚德行、讲操守、有才能的君子。二是贤才是国之栋梁，决定着一个国家的命运。所以，尊重珍惜贤才，应该成为君主的信念，百姓的共识。三是要积极主动地学习贤才的长处，无论是古代的贤德之人，还是我们身边的贤能之人，都应该以礼相待，虚心学习。孔子说："三人行，必有我师焉。择其善者而从之，其不善而改之。"其中就蕴含了这层意思。仰慕贤才，尊重贤才，学习贤才，用毕生努力来使自己成为德才兼备的人，是中华民族仁人志士的共同追求，也是历久不衰的美好德行。

六、勉学篇

原　文

　　自古明王圣帝犹须勤学，况凡庶乎！此事遍于经史，吾亦不能郑重，聊举近世切要，以启寤汝耳。士大夫子弟，数岁已上，莫不被教，多者或至《礼》《传》，少者不失《诗》《论》。及至冠婚，体性稍定；因此天机，倍须训诱。有志向者，遂能磨砺，以就素业；无履立者，自兹堕慢，便为凡人。人生在世，会当有业：农民则计量耕稼，商贾则讨论货贿，工巧则致精器用，伎艺则沉思法术，武夫则惯习弓马，文士则讲议经书。多见士大夫耻涉农商，差务工伎，射则不能穿札，笔则才记姓名。饱食醉酒，忽忽无事，以此销日，以此终年。或因家世余绪，得一阶半级，便自为足，全忘修学；及有吉凶大事，议论得失，蒙然张口，如坐云雾；公私宴集，谈古赋诗，塞默低头，欠伸而已。有识旁观，代其入地。何惜数年勤学，长受一生愧辱哉！

　　梁朝全盛之时，贵游子弟，多无学术，至于谚云："上车不落则著作，体中何如则秘书。"无不熏衣剃面，傅粉施朱，驾长檐车，跟高齿履，坐棋子方褥，凭斑丝隐囊，列器玩于左右，从容出入，望若神仙。明经求第，则顾人答策；三九公宴，则假手赋诗。当尔之时，亦快士也。及离乱之后，朝市迁革，铨衡选举，非复曩者之亲；当路秉权，不见昔时之党。求诸身而无所得，施之世而无所用。被褐而丧珠，失皮而露质，兀若枯木，泊若穷流。鹿独戎马之间，转死沟壑之际。当尔之时，诚驽材也。有学艺者，触地而安。自荒乱以来，诸见俘虏。虽百世小人，知读《论语》《孝经》者，尚为人师；虽千载冠冕，不晓书记者，莫不耕田养马。以此观之，安可不自勉耶？若能常保数百卷书，千载终不为小人也。

有客难主人曰："吾见强弩长戟，诛罪安民，以取公侯者有矣；文义习吏，匡时富国，以取卿相者有矣；学备古今，才兼文武，身无禄位，妻子饥寒者，不可胜数，安足贵学乎？"主人对曰："夫命之穷达，犹金玉木石也；修以学艺，犹磨莹雕刻也。金玉之磨莹，自美其矿璞；木石之段块，自丑其雕刻。安可言木石之雕刻，乃胜金玉之矿璞哉？不得以有学之贫贱，比于无学之富贵也。且负甲为兵，咋笔为吏，身死名灭者如牛毛，角立杰出者如芝草；握素披黄，吟道咏德，苦辛无益者如日蚀，逸乐名利者如秋荼，岂得同年而语矣。且又闻之：生而知之者上，学而知之者次。所以学者，欲其多知明达耳。必有天才，拔群出类，为将则暗与孙武、吴起同术，执政则悬得管仲、子产之教，虽未读书，吾亦谓之学矣。今子即不能然，不师古之踪迹，犹蒙被而卧耳。"

人见邻里亲戚有佳快者，使子弟慕而学之，不知使学古人，何其蔽也哉！世人但知跨马被甲，长槊强弓，便云我能为将；不知明乎天道，辩乎地利，比量逆顺，鉴达兴亡之妙也。但知承上接下，积财聚谷，便云我能为相；不知敬鬼事神，移风易俗，调节阴阳，荐举贤圣之至也。但知私财不入，公事夙办，便云我能治民；不知诚己刑物，执辔如组，反风灭火，化鸱为凤之术也。但知抱令守律，早刑晚舍，便云我能平狱；不知同辕观罪，分剑追财，假言而奸露，不问而情得之察也。爰及农商工贾，厮役奴隶，钓鱼屠肉，饭牛牧羊，皆有先达，可为师表，博学求之，无不利于事也。

夫所以读书学问，本欲开心明目，利于行耳。未知养亲者，欲其观古人之先意承颜，怡声下气，不惮劬劳，以致甘腴，惕然惭惧，起而行之也。未知事君者，欲其观古人之守职无侵，见危授命，不忘诚谏，以利社稷，恻然自念，思欲效之也。素骄奢者，欲其观古人之恭俭节用，卑以自牧，礼为教本，敬老身基，瞿然自失，敛容抑志也。素鄙吝者，欲其观古人之贵义轻财，少私寡欲，忌盈恶满，赒穷恤匮，赧然悔耻，积而能散也。素暴悍者，欲其观古人之小心黜己，齿弊舌存，含垢藏疾，尊贤容众，苶然沮丧，若不胜衣也。素怯懦者，欲其观古人之达生委命，强毅正直，立言必信，求福不回，勃然奋厉，不可恐慑也。历兹以往，百行皆然。纵不能淳，去泰去甚，学之所知，施无不达。世人读书者，但能言之，不能行之，忠孝无闻，仁义不足；加以断一条讼，不必得其理；宰千户县，不必理其民；问其造屋，不必知楣横而棁竖也；问其为田，不必知稷早而黍迟也；吟啸谈谑，讽咏辞赋，事既优闲，材增迂诞，军国经纶，略无施用，故为武人俗吏所共嗤诋，良由是乎！

人生小幼，精神专利，长成已后，思虑散逸，固须早教，勿失机也。吾七岁时，诵《灵光殿赋》，至于今日，十年一理，犹不遗忘；二十以外，所诵经书，一月废置，便至荒芜矣。然人有坎壈，失于盛年，犹当晚学，不可自弃。孔子云："五十以学《易》，可以无大过矣。"魏武、袁遗，老而弥笃，此皆少学而至老不倦也。曾子十七乃学，名闻天下；荀卿五十，始来游学，犹为硕儒；公孙弘四十余，方读《春秋》，以此遂登丞相；朱云亦四十，始学《易》《论语》；皇甫谧二十始，受《孝经》《论语》：皆终成大儒，此并早迷而晚寤也。世人婚冠未学，便称迟暮，因循面墙，亦为愚耳。幼而学者，如日出之光，老而学者，如秉独夜行，犹贤乎瞑目而无见者也。

学之兴废，随世轻重。汉时贤俊，皆以一经弘圣人之道，上明天时，下该人事，用此致卿相者多矣。末俗已来不复尔，空守章句，但诵师言，施之世务，殆无一可。故士大夫子弟，皆以博涉为贵，不肯专儒。梁朝皇孙以下，总丱之年，必先入学，观其志尚，出身已后，便从文史，略无卒业者。冠冕为此者，则有何胤、刘瓛、明山宾、周舍、朱异、周弘正、贺琛、贺革、萧子政、刘绍等，兼通文史，不徒讲说也。洛阳亦闻崔浩、张伟、刘芳，邺下又见邢子才：此四儒者，虽好经术，亦以才博擅名。如此诸贤，故为上品，以外率多田野间人，音辞鄙陋，风操蚩拙，相与专固，无所堪能。问一言辄酬数百，责其指归，或无要会。邺下谚云："博士买驴，书券三纸，未有驴字。"使汝以此为师，令人气塞。孔子曰："学也禄在其中矣。"今勤无益之事，恐非业也。夫圣人之书，所以设教，但明练经文，粗通注义，常使言行有得，亦足为人；何必"仲尼居"即须两纸疏义，燕寝讲堂，亦复何在？以此得胜，宁有益乎？光阴可惜，譬诸逝水。当博览机要，以济功业；必能兼美，吾无间焉。

译文

从古以来的贤王圣帝，还需要勤奋学习，何况是普通平民百姓呢！这类事情于经籍史书中比比皆是，我也不需要一一列举。只举近代主要的例子来看看，从而启发提醒你们。士大夫的子弟，几岁以上，没有不受教育的，多的读到《礼记》《左传》，少的也起码读了《诗经》和《论语》。到长大成人，体质性情逐渐定型，趁着年轻好学、头脑机灵，应该加倍教导训诫。那些有志向的，就能因此经受磨炼，成就士族的事业；没有建功立业志向的，从此怠惰，沦为庸人。人生在世，应当有所立业：农民就要琢磨耕田种地，商人则讨论卖货发财，工匠要研究精制器物用品，搞技艺的人则考虑手艺技术，军人则练习骑马射箭，文士则探究议论经书。然而常看到士大夫耻于涉足农商，羞于了解技艺，射箭则不能穿透铠甲，让他写文章也才记起自己的姓名怎么写。整日酒足饭饱，无所事事，空虚度日，消磨光阴，以此来打发人生。有的凭借家族的势力和影响，弄到一官半职，就自己感觉良好，满足感爆棚，荒废了学业。遇到婚丧大事，需要议论方法策略、分析利弊得失，就昏昏然张口结舌，像坐在云雾之中。碰到公家或私人集会，把酒言欢、谈古论今、作文赋诗，又是沉默低头，只会打呵欠伸懒腰。有见识的人在旁边看到，真是替他害臊，羞得无处容身。为什么不愿意用几年时间勤学苦练，免去一辈子自取其辱呢？

梁朝全盛时期，士族子弟，多数没有学问，就像当时流行的谚语所说："上车不会自己掉下来，就可当著作郎；体中无货肚子里空空如也，也可做秘书官。"这些贵族子弟，没有不讲究用香料熏衣、用剃刀刮面的，整日涂脂抹粉，驾着带飞檐的华丽马车，脚穿高齿屐，坐着有棋盘图案的方块褥子，靠着用染色丝织成的靠枕，左右摆满了器物古玩，从容地出出进进，看上去真好似神仙一般，派头十足。到了阐明经义、博取功名的时候，就雇人考试解决问题；要出席达官显贵云集的宴会，就请枪手帮助作文赋诗。在这种时候，也算得上是个有模有样的"才子佳士"。等到发生战乱、颠沛流离，朝廷更迭，负责选拔人才的官员，不再是从前的亲属和同党，执政掌权的部门，也没有了当年的老关系。这些花花公子想依靠自身立世，完全不可能。想在社会上做点事情，又什么都干不了。只好穿着粗麻短衣，变卖家里留下来的家当和珠宝，失去了当年的派头，褪去了华丽的外表，露出了草包的本相。呆头呆脑像段枯朽的木头，有气无力像要断流的浊溪。在战乱中漂泊辗转，最终抛尸荒野，死无葬身之地。在这种时候，才真正看出原来是帮蠢货。只有有学问和才能的人，才有能力随时随处安身立命。自从战乱以来，所见被俘虏的，即使是世代寒士，懂得读《论语》《孝经》的，还能给人家当老师；而有的虽然是历代官吏出身，因为写不成书法、做不出文章，是个不学无术的人，只好去给别人耕田、放马、卖苦力。从这点来看，怎能不自勉呢？如果能经常保持有几百卷的书，哪怕过上千年，也不会成为卑微的人。

有位客人诘问我说："我看见有的人凭借强弓长戟，就去讨伐叛军逆匪，安抚民众，最后获得了公侯的爵位、享受到权贵的厚禄；有的人就凭借精通文史，便去治国理政，让国家富强起来，以取得卿相的高官。而有一些学贯古今、文武双全的人，却没有官禄爵位，妻子儿女饥寒交迫，类似这样的事数不胜数。学习又怎么能够让人孜孜以求、成为人们崇尚的人生目标呢？"我回答说："人的命运或者坎坷或者通达，就好像金玉木石一样；钻研学问，掌握本领，就好像琢磨与雕刻的手艺。琢磨过的金玉之所以鲜亮好看，令人爱不释手，是因为金玉本身就是珍贵美好的东西；一截木头、一块石头之所以难入人眼，是因为尚未经过雕刻加工。但我们怎么能说雕刻过的木头石块胜过尚未琢磨过的金玉呢？同样的道理，我们不能将有才学的贫贱之士与没有学问的富贵之人相比。况且，武艺高强的人，也有去当小兵的；满腹诗书的人，也有去当小吏的。身死名灭的人多如牛毛，出类拔萃的人很少，就像灵芝草那样珍稀。埋头苦读、弘扬道德文章、结果劳而无益的人，就像日食不常见；追求名利、沉迷于纵情享乐的人，像秋天的野草，遍地都是。二者怎么能相提并论呢？还有的人对我说：一生下来不用学习就什么都懂的人，是天才；经过学习才知道的人，就差了一等。因而，学习是使人增长知识，明白道理的。只有天才才能出类拔萃，当将领不知不觉践行了孙子、吴起的兵法；执政用权就如同精通管仲、子产的治理手段，像这样的人，即使不读书，我也可以毫不夸张地说，他们已经读过并且明白了。你们现在既然不能达到这样的水平，如果还不追随古人勤奋好学、刻苦钻研，就像盖着被子蒙头大睡，到头来什么也不会知道。"

人们看到乡邻亲戚中有心仪的好榜样，就叫孩子去当他的粉丝，向他学习，而不知道叫孩子去学习古时候的贤德之人，这真是糊涂！世人只知道骑马披甲，长矛强弓，就说这位能胜任大将军。却不知道胜任大将军还要有明察天象，辨识地利，考虑是否顺乎时势，了解是否得到人心，判断是否平得了天下的能耐。只知道上承君王，下接黎民，聚积财物，囤积粮草，就说我能封侯拜相，却不知道封侯拜相要有祭祀先人神灵，改造民风俚俗，调节平衡各种关系，推荐选举贤圣之人的道行。只知道不谋私利、不贪钱财，早起晚归操办公事，就说我能当好地方官，治理一方百姓；却不知道当好地方官要有用自己笃诚的心态去矫正别人的错误，井井有条地开展治理，消除灾祸、救助生民、教化百姓、积德行善的本领。只知道执行法律条令，该判的判、该赦的赦，就说我能断案平狱，却不具备侦察、取证、审讯、推断等种种操作技能。从历史上看，不管是务农的、做工的、经商的、当仆人的、做奴隶的，还是钓鱼的、杀猪的、喂牛牧羊的人群中，都有贤明的先辈，可以作为今人学习的榜样。只有眼界开阔，多学习一些东西、不断求证，才会事业有成啊！

所以，要读书做学问，本意在于使心胸开阔使世事洞明，更有利于做实事。对不懂得孝顺父母的人，要让他学习古人是怎样探知父母的心意，顺从父母的脸色，和声下气，不辞辛苦地弄来香甜软乎的东西给父母吃，父母提出的要求，要尽快小心地照办。对不懂得服侍君主的，要让他懂得古代贤臣是怎样忠于职守不越权办事；见到危难不惜生命、勇于担当；不忘对君主的忠心，多提有利于国家的意见和建议；真正从内心为古代贤臣所感动，想要效法他们的德行。对一贯骄傲奢侈的，要让他领悟到古人的恭俭节约；谦卑可以培养美德，礼貌为教育的根本，谦敬是立身的根基，这样才能让这种人反省，自愧不足、收敛傲气。对于一贯萎缩悭吝的人，要让他体察到古人的重义气、轻财物，减少私心、克制欲望、弃恶从善，通过观察周济穷困的人，萌发羞愧之心，产生悔过之意，把自己积攒的财物施舍给他人。对于一贯强暴凶悍的人，要让他认识到古人的谨慎行事，控制自己的情绪，泯灭戾气、烘托正气，尊重贤良的人，接纳有不同想法的人，允许用不同方法做事，最终要让这种人疲倦沮丧，身体弱得撑不起衣服。对于一贯怯懦的人，要让他见识到古人的不怕死、坚强正直、说话必定算数、好事干下去不回头的劲头，于是勃然奋起，激发出威武不能屈的气概。这样历数下去，有各种各样缺陷的人，都可以加以匡正。即使不可能做得很彻底，至少可以去掉过于严重的毛病。只要不断学习，用在哪一方面都会见成效。遗憾的是，世上的读书人，往往只能说到，不能做到，很少听得到这些人做了忠孝仁义的善举，即使做了这类善良的好事，也做得不够完美。其实，让他们判断一件诉讼，并不需要他们知晓事情的末枝细节，治理千户小县，不需要管理到具体的百姓；问他们造房建屋，不需要他们知道门楣是横向而门的形状是竖着的；问他们种地耕田，不需要知道小米成熟得早而黄米成熟得晚；歌咏谈笑、吟诗作赋，这些事情既很高雅悠闲，也近乎迂腐荒诞。对于军国大事，一点没有用处。从而被军人和俗吏们共同讥谤，确是由于上面所说的原因吧？

人生在幼小的时候，精神专一，长大成年以后，注意力就分散了，因此就该早早教育，不要失掉机会。我七岁的时候，就能诵读《灵光殿赋》，直到今天，十年温习一次，还记得很清楚。二十岁以后，所诵读的经书，放下一个月，就生疏了。但人会有背运不得志而壮年失学的情况，即使有些晚，仍应该学习，不可以自己放弃。孔子就说过："五十岁来学《易》经，可以避免人生再犯大的过失了。"曹操和袁遗两位，到了老年而更专心致志地学习，这都是从小学到老仍不厌倦的典范。曾参十七岁才开始学习，而名闻天下；荀卿五十岁才来游学，还成为儒家大师；公孙弘四十多岁才读《春秋》，凭借努力做上丞相；朱云也到四十岁才学《易》经、《论语》；皇甫谧二十岁才学《孝经》《论语》，最终都成为一代宗师，这些都是早年尚未觉醒而到了晚年才醒悟的例子。世上人到二三十岁，已经是该结婚或举行成年礼的年龄，还没有专门去学习，就自以为太晚了，因为这种陈腐保守的落后想法而失学，也太愚蠢了。幼年学习的，像太阳刚升起的光芒；老年才学习的，像夜里走路拿着蜡烛，总比闭着眼睛什么都看不见要强多了。

学习风气是否浓厚，取决于社会是否重视知识的实用性。汉代的贤能之士，都能凭借一种经术来弘扬圣人之道，上通天文，下知人事，以此被封官拜相的人很多。汉代末年开始，清谈之风盛行，读书人拘泥于章句，只会背诵老师学长的言论，真正用在时事政务上的，几乎一个也没有。所以士大夫家的子弟，都讲究广泛涉猎、读各种书，不愿意成为视野狭窄的专家。梁朝的贵族子弟，从童年时代，就必须先让他们进学校，观察他们的志向与爱好，为的是长大踏上仕途后，就做抄写文书的工作，很少有专攻学业的。世代当官而从事经学研究的，主要有何胤、刘瓛、明山宾、周舍、朱异、周弘正、贺琛、贺革、萧子政、刘绍等人，他们都兼通文史，不只是会讲解经术。我也听说在洛阳的有崔浩、张伟、刘芳，又在邺下（今河北邺城）这个地方，见到邢子才，这四位学问家，不仅喜好经学，也以文才博学而闻名，像这样的贤士，自然可称作最有品位的人了。除此之外，大多数都是田野乡间的老土，言语鄙陋，举止粗俗，还都刚愎自用、陈腐保守，什么能耐也没有。你要是问他一件事，他就得回答几百句，还是说不清楚，很是不得要领。邺下有俗谚说："博士买驴，写了三张契约，没有一个'驴'字。"如果让你们拜这种人为师，真会被气死。孔子说过："学习优秀，俸禄就在其中。"现在有人只在无益的事上白费力，恐怕算不上是务正业吧！圣人的典籍，是用来教化人的，只要熟悉经文，明白其中大义，让自己的言行得体，能够立身做人就行了。何必"仲尼居"三个字就得用上两张纸的注释，去弄清楚究竟"居"是在闲居的内室还是在讲习经术的厅堂，这样就算分析讲解对了，你这么认为、我那么理解，争来吵去，有什么意义呢？争个谁高谁低，又有什么益处呢？光阴似箭，应该珍惜，它像流水一样，一去不复还。还是应当博览经典著作，弄明白其中的精要，用来成就人生、建功立业，如果能两全其美的话，那我也就没必要再说什么了。

解　析

《勉学篇》是《颜氏家训》中的重点篇章，"勉学"顾名思义就是：努力学习。作者把学习看成是人生中最重要的内容，就在于"人生在世，会当有业"，它是"安身立命之本"。从古至今，从帝王将相，到平民百姓，都离不开学习，都要"勉学"。正是基于这一点，颜之推对学习，提出了自己的见解。

一是无论是谁都必须充分认识学习的重要性，否则影响一生。作者在文中列举了大量的事例来阐述这个道理，就是要让后人真心认识到这一点，不能在这个原则问题上有任何异议。

二是父母对孩子的学习负有义不容辞的责任，所谓"子不教，父之过"，这是责无旁贷的事情。

三是正因为学习重要，不仅能积累知识、提高修养、增长学问、获得技艺，还可以丰富生活、调养精神。所以，学习的态度、学习的内容、学习的方法、学习的目标、学习的能力等都很有讲究。

四是学习必须与实践相结合，做到学以致用、知行合一。不学无术自然什么都无从谈起，但是只知道书本字义，不会应用到实际生活，没能力参与社会实践，仍旧是一事无成。

五是世界上有学问、有知识、有技艺的高人很多，你自己觉得已经学了很多、懂了很多、会了很多，也应该谦虚谨慎，万不可骄傲自大。否则，自毁前程。

六是学习不能三天打鱼两天晒网，必须要有毅力、持之以恒。勤学不辍、勤奋努力、苦尽甜来、必成大器。

七是学习要眼界开阔，博览群书才能见多识广。同时，学习重在理解圣哲先贤的本意，抓住要领，而不能钻牛角尖，尤其不要在那些意义不大的问题上耗费时间和精力。因此，对于学习者来说，不光要勉学、苦学，还要善学才好。

总之，《颜氏家训》中对学习问题的阐述是系统、全面和深刻的，这不仅体现了我国隋以前家庭教育中学习思想的完整性，也对以后的教育思想产生深远的影响。勉学以及其所包含的丰富内涵已成为中华民族公认的、世代相传的美德。

七、名实篇

原文

　　名之与实，犹形之与影也。德艺周厚，则名必善焉；容色姝丽，则影必美焉。今不修身而求令名于世者，犹貌甚恶而责妍影于镜也。上士忘名，中士立名，下士窃名。忘名者，体道合德，享鬼神之福祐，非所以求名也；立名者，修身慎行，惧荣观之不显，非所以让名也；窃名者，厚貌深奸，干浮华之虚称，非所以得名也。

　　吾见世人，清名登而金贝入，信誉显而然诺亏，不知后之矛戟，毁前之干橹也！虞子贱云："诚于此者形于彼。"人之虚实真伪在乎心，无不见乎迹，但察之未熟耳。一为察之所鉴，巧伪不如拙诚，承之以羞大矣。伯石让卿，王莽辞政，当于尔时，自以巧密；后人书之，留传万代，可为骨寒毛竖也。近有大贵，以孝著声，前后居丧，哀毁逾制，亦足以高于人矣。而尝于苫块之中，以巴豆涂脸，遂使成疮，表哭泣之过。左右僮竖，不能掩之，益使外人谓其居处饮食，皆为不信。以一伪丧百诚者，乃贪名不已故也！

　　有一士族，读书不过二三百卷，天才钝拙，而家世殷厚，雅自矜持，多以酒犊珍玩，交诸名士。甘其饵者，递共吹嘘，朝廷以为文华，亦尝出境聘。东莱王韩晋明笃好文学，疑彼制作，多非机杼，遂设宴言，面相讨试。竟日欢谐，辞人满席，属音赋韵，命笔为诗，彼造次即成，了非向韵。众客各自沉吟，遂无觉者。韩退叹曰："果如所量！"韩又尝问曰："玉珽杼上终葵首，当作何形？"乃答云："珽头曲圜，势如葵叶耳。"韩既有学，忍笑为吾说之。

　　邺下有一少年，出为襄国今，颇自勉笃。公事经怀，每加抚恤，以求声誉。凡遣兵役，握手送离，或赍梨枣饼饵，人人赠别，云："上命相烦，情所不忍；道路饥渴，以此见思。"民庶称之，不容于口。及迁为泗州别驾，此费日广，不可常周，一有伪情，触涂难继，功绩遂损败矣。

译文

　　名与实的关系，好比形与影的关系。一个人德艺双馨，那名声就一定好；一个人容貌超凡，那影子就一定美。现如今有的人不修身养性而想在世上传播好的名声，就好比容貌很丑而要求镜子里现出美妙的影子。品行优秀的人不会时刻想着名声；品行一般的人会努力建立自己的名声；品行低劣的人会想方设法沽名钓誉。把名声不放在心上的人，做事会遵循规律，言行会符合道德。因此，连鬼神都保佑他，不用自己再去追求名声；建立名声的人，都会注重修身，谨言慎行，生怕荣誉会被湮没，名声来了也不会推辞的；名声低下的人，就是外表朴实内心奸诈，谋求浮华的虚名，因而也很难真正得到美誉的。

　　我见到世上的人，好名声一旦传扬，即开始暗地里敛财，好的信誉昭然世上，树立声誉时的信誓旦旦就开始不再遵守。不知道自己正在用后来做丑事的矛，在戳以前争声誉时的盾啊！虙子贱说过："在这件事上做得真诚，就给另一件事树立了榜样。"人的虚伪或诚实，真心或假意，其实就在内心，但没有不在行动上表现出来的，只是观察得仔不仔细罢了。一旦观察得真切，那种灵巧的虚伪还不如笨拙来得诚实，接下来会招致更大的羞辱。春秋的伯石三次推让卿位，西汉的王莽反复辞谢相权，在当时自以为既机巧又缜密，可是被后人记载下来，流传万世，就叫人看了毛骨悚然了。近来有个大官，一向以孝著称，居丧期间，哀痛的程度很夸张，借此来显示自己的孝顺之情高于一般人。可他在草堆土块之中，用有毒的巴豆来涂脸，有意使脸上生疮，来显示他哭泣得多么惨烈。可是，这种做作不能蒙过身旁僮仆的眼睛，反而使社会上的人对他在服丧中的饮食起居都产生质疑，也不再相信他对父母的孝是真心的了。由于一件事情作假而败露，而毁掉了百件事情的真相，这就是贪求名誉不知满足的后果啊！

　　有一个士族家的孩子，读的书不过二三百卷，天资笨拙，可家境殷实富裕，他向来骄傲自负、洋洋得意，经常用牛肉、好酒、珍宝、古玩来结交那些名士。名士中对此感兴趣的，一个个不停地吹捧他，使朝廷也以为他有文采才华，曾经派他出国访问。齐地东莱王韩晋明深爱文学，对他的作品产生怀疑，怀疑大多数的作品不是他本人创意构思的，于是就设宴叙谈，想当面讨教试试其虚实。设宴那天，欢乐和谐、气氛融洽，文人满座、舞文弄墨，吟诗作赋、不亦乐乎。这个士族轻率提笔，一气呵成，可是写出来的东西全然没有向来的风格韵味，好在客人们各自在沉思创作，并没有发觉。韩晋明宴会后叹息道："果真不出我所料啊。"韩晋明又问他"玉珽杼上终葵首，应该是什么形状的呢？"他答道："玉珽的头弯曲圆润，就像葵叶一样。"韩晋明是个有学识的人，他忍着笑，告诉了我这件事。

邺下有个少年，出任襄国县令，勤勉敬业。即使是公事，经他的手办理，也常常给予抚慰和体恤，以此来谋求声誉。每当派遣兵差，都要握手相送，有时还拿出梨枣糕饼，给每个人赠别，说："上边有命令要麻烦你们，我感情上实在不忍，路上饥渴，送些点心以表思念。"民众对他的称赞，不是一句两句就能说得完的。后来升官任泗州别驾官时，这种费用一天天增多，就出现了经常办不到的情况。可见，但凡有虚假的情形，一碰到处难就无法坚持下去，原先的好声誉也随之而失去了。

解　析

《名实篇》着重阐述了人的名声与实际是否相符的问题。作者分析了社会上常见的几种现象，归纳出自己的见解：一是名不副实的情况，贬斥了沽名钓誉之人。或弄虚作假、博取好的声誉；或在没有得到声誉时，勤勉敬业、谨慎做人，一旦获得了声誉，就变了脸。告诫后人，好的名声要靠"德艺周厚""修身慎行"始终如一才能得到，来不得半点虚情假意。二是教育子孙要坚守诚信。"巧伪不如拙诚"，耍小心眼的事情千万不要想，实实在在、脚踏实地地做人。中国传统美德提倡诚信为本、"一伪丧百诚"，就是这个道理。无论做官、经商、做学问还是竞技，一旦作假，假到真时真亦假，全社会都要遭殃。这种教训古代不胜枚举，今天依然时有发生，这难道不值得我们时时警惕、扪心自问吗？

第七章

柳玭家训

立身以孝悌为基，以恭默为本，以畏怯为务，以勤俭为法，以交结为末事，以义气为凶人。

——柳玭

柳玭（生年不详—895），京兆华原（今陕西铜川耀州区）人，天平军节度使柳仲郢之子，兵部尚书、太子太保柳公绰之孙，唐朝名臣、书法家柳公权之侄孙，官至御史大夫。其家训节录自《旧唐书·柳公绰传附柳玭传》。

夫门地高者，可畏不可恃。可畏者，立身行己，一事有坠先训，则罪大于他人。岂生可以苟取名位，死何以见祖先于地下？不可恃者，门高则自骄，族盛则人之所嫉。实艺懿行，人未必信，纤瑕微累，十手争指矣。所以承世胄者，修己不得不恳，为学不得不坚。夫人生世，以无能望他人用，以无善望他人爱，用爱无状，则曰"我不遇时，时不急贤"。亦由农夫卤莽而种，而怨天泽之不润，岂欲弗馁，其可得乎！

予幼闻先训，讲论家法。立身以孝悌为基，以恭默为本，以畏怯为务，以勤俭为法，以交结为末事，以义气为凶人。肥家以忍顺，保交以简敬。百行备，疑身之未周；三缄密，虑言之或失。广记如不及，求名如偿来。去奢与骄，庶己减过。

莅官则洁己省事，而后可以言守法，守法而后可以言养人。直不近祸，廉不沽名。廪禄虽微，不可易黎甿之膏血；榎楚虽用，不可恣褊狭之胸襟。忧与福不偕，洁与富不并。比见门家子孙，其先正直当官，耿介特立，不畏强御；及其衰也，唯好犯上，更无他能。如其先逊顺处己，和柔保身，以远悔尤；及其衰也，但有暗劣，莫知所宗。此际几微，非贤不达。

夫坏名灾己，辱先丧家。其失尤大者五，宜深志之。其一，自求安逸，靡甘淡泊，苟利于己，不恤人言。其二，不知儒术，不悦古道，懵前经而不耻，论当世而解颐，身既寡知，恶人有学。其三，胜己者厌之，佞己者悦之，唯乐戏谭，莫思古道，闻人之善嫉之，闻人之恶扬之，浸渍颇僻，销刻德义，瞀裾徒在，厮养何殊？其四，崇好慢游，耽嗜麹糵，以衔杯为高致，以勤事为俗流，习之易荒，觉已难悔。其五，急于名宦，暱近权要，一资半级，冀或得之，众怒群猜，鲜有存者。兹五不是，甚于痤疽。痤疽则砭石可瘳，五失则巫医莫及。前贤炯戒，方册具存，近代覆车，闻见相接。

夫中人已下，修辞力学者，则躁进患失，思展其用；审命知退者，则业荒文芜，一不足采。唯上智则研其虑，博其闻，坚其习，精其业，用之则行，舍之则藏。苟异于斯，岂为君子？

译文

凡是高门望族之家，要心存戒惧，而不可有恃无恐。我说的可畏，是指立身使自己有德，如果一旦不慎而有违于先贤的教诲，那么过失就会比他人更大。虽然活着的时候可以苟且求得名位，但死了以后有什么脸面去地下见祖先？所谓的不可恃，是指门第高容易自高自大，家族兴盛容易遭人嫉妒。即使有实在的技艺和美好的德行，别人也未必真的相信；哪怕有丁点微小的毛病和错误，都会遭到人们的指责。所以，名门望族的后人，自修其身一定要诚恳，对学问的讲求一定要笃定。人生在世，没有能力却希望得到重用，缺少德行而渴求得到尊敬，如果得不到就发牢骚说："我是生不逢时啊！这个时代嫉贤妒能啊！"这就如同农民平时不用心去种地，秋天没有收成却埋怨上天雨水滋润得不够一样，这样不饿肚子才怪呢？

我小时候就聆听过祖父讲家训和家法。他告诉我：立身要以孝顺父母、敬爱兄长为基础，以恭敬淡泊为根本，以小心谨慎为要务，以勤劳节俭为准则；以拉拉扯扯与人交结为末端小事，以只讲私人义气的为凶险小人。要想使家庭兴旺发达，就必须忍让和睦，要保持朋友的情义，就必须诚实恭敬。对自己严格要求而使自身具备各种品德，还唯恐有所失误；虽然努力控制自己的言语，还担心言之有失。即使有广博的知识也还自知有所不及；求取功名不要刻意去追求，即使得到了，也不要把它看得太重，只是走运而已。要克服贪鄙吝啬和骄奢淫逸的习气，如果做到这些就可以少犯错误和过失。

做官要清正廉洁，不可滥用职权。然后才可以谈守法执法，公平公正才足以服人；为人正直不要去接近惹祸的人；为人廉洁不要去沽名钓誉。俸禄虽少，但不可以随意搜刮民脂民膏；公堂上的刑具虽要使用，却不可凭自己狭隘私心而为所欲为。忧患与幸福不会同时拥有，廉洁与富有不会同时存在。常见世家的一些子孙，他们的祖先正直光明，不畏强权；等到其家世衰微的时候，只乐于以下犯上，再没有其他能力。如其先人谦恭律己，温顺保身，就可以远离过失；等到其家世衰微的时候，仅仅有微不足道的劣迹，而察觉不到它的根源。这其中的一些细微道理，不是贤者是不可能通晓理解的。

凡是损名害己、有辱家风的，必有五个方面的过失，你们要牢牢记住：其一，追求安逸，不甘于清心寡欲，只要有利于自己，则不择手段，一意孤行，不顾及别人的议论。其二，不晓得儒家学说，不喜欢圣贤训导，不懂得先人的规矩还不感到羞耻，喜欢妄议当世，以自我解嘲而已。自己不学习，没有学识，却又厌恶和嫉妒别人有学识。其三，对超过自己的人就讨厌，对奉迎自己的人就喜欢，只乐于嬉笑言谈，而不去思考圣贤之道。听说别人有好事就心妒如焚，听说别人有丑事就四处张扬，自己的身心已经被邪恶和谗言沾染，损害了道德仁义。这些显贵们无聊地活在世界上，与那些低贱的小人没有什么区别。其四，游手好闲，酗酒成性，以饮酒享乐为高雅，以勤勉做事为俗流，学习之道荒废了，等到明白过来又后悔莫及。其五，急于求得功名富贵，千方百计趋炎附势。一职半级，即便不择手段可能会得到，但也会引发众人的愤怒与不满，很少有维持长久的。总之，这五个方面的问题，比疥疮更可怕。疥疮还可以用医术治疗，而这五种过失则连巫师、医生也束手无策。前贤这些清楚无误的训诫，书籍上都明白地记载着，近代一些错误的做法，还是耳闻眼见、接连不断。

再看那些普通人：一些研究言辞、致力学问的人，则急躁冒进而又患得患失，试图施展自己的才能；一些能审时度势、知难而退的人，则学业荒废、文章杂乱而一无可取。只有圣人君子能研究其谋略，拓展其知识，执着其学问，精深其业务，用之则可行，舍之则可藏。如果做不到这些，又怎能算得上是君子呢？

解析

柳玭的这篇家训如醍醐灌顶，振聋发聩，他要告诫子孙后代，"门地高者，可畏而不可恃"，所以要慎之又慎。所谓"君子之泽，五世而斩""富贵出败家"，都是这个意思。因此，柳玭教诲子孙后代，门高不慎，则易为人所诟病；更易于骄傲，易犯安于逸乐、不学无术、妒贤嫉能等过失。这些都是最需要警惕的，因为这是败家的信号。

史上败家的事例不胜枚举，今天"坑爹"的故事不绝于耳。因此，柳玭这篇家训很值得一读。

第八章

钱镠 《钱氏家训》

持躬不可不谨严，临财不可不廉介。

——钱镠

题　解

《钱氏家训》是钱家先祖钱镠留给子孙后代的家训，中国江南一带的钱氏家族，堪称近代望族。钱家后裔广布江浙，我们熟知的有"三钱"：钱学森属杭州钱氏，诺贝尔奖获得者钱永建是其堂侄；钱三强乃湖州钱氏，其父亲是新文化运动著名人物钱玄同；钱伟长则是无锡钱氏，与钱钟书同宗，都称国学大师钱穆为叔叔。钱氏家族"一诺奖、二外交家、三科学家、四国学大师、五全国政协副主席、十八两院院士"。据统计，当代国内外仅科学院院士以上的钱氏名人就有一百多位，分布于世界五十多个国家。

吴越王钱镠（852—932），字具美，杭州临安人，吴越开国国王。钱镠推崇"以民为本，民以食为天"的国策，保民安境、礼贤下士、奖励垦荒、发展农桑。在位四十年，几无征战。社会稳定，经济繁荣，百姓安居乐业。其后的钱氏三代五王，都在祖上治世的基础上不断发展，成了五代时期最为富有的国度。赵匡胤统一中原后，立志挥师南下，统一中国。钱镠的孙子钱弘俶遵循祖训，带着全族三千余人赶赴开封，面见宋太祖，俯首称臣。这就是历史上著名的"纳土归宋"事件。富饶美丽的江南河山，避免了一次血雨腥风。北宋时期编写的《百家姓》第一句就是"赵钱孙李"，由于赵氏为帝，所以将"赵"姓排在第一位；将"钱"姓排为第二，都是因为当年的老百姓十分拥戴为避免生灵涂炭、和平统一中国做出贡献的钱氏国王。

《钱氏家训》分个人、家庭、社会、国家四部分，共635字，总结历史成败得失，训导子孙修齐治平。格言体例，容易诵读，便于记忆。

一、个人篇

原文：心术不可得罪于天地，言行皆当无愧于圣贤。

译文：存心谋事不能够违背天道，言行举止都应不愧对圣贤教诲。

原文：曾子之三省勿忘，程子之四箴宜佩。

译文：曾子"一日三省"的教诲不要忘记，程子用以自警的"四箴"应当随身带着。

原文：持躬不可不谨严，临财不可不廉介。

译文：律己不能不谨慎严格，面对财物不能不清廉正直。

原文：处事不可不决断，存心不可不宽厚。

译文：处理事务不能没有魄力，考虑事情必须要宽容厚道。

原文：尽前行者地步窄，向后看者眼界宽。

译文：只知往前走的人，道路会越来越狭窄，懂得回头看的人，眼界会越来越宽。

原文：花繁柳密处拨得开，方见手段；风狂雨骤时立得定，才是脚跟。

译文：能从花丛密布、柳枝繁杂的地方开辟出道路，才显示出本领；能在狂风大作、暴雨肆虐的时候站立得住，才算是立稳了脚跟。

原文：能改过则天地不怒，能安分则鬼神无权。

译文：能改正过错天地自不愤怒，能安守本分鬼神也无可奈何。

原文：读经传则根柢深，看史鉴则议论伟。

译文：熟读先贤经典就会思想深厚，精通历史古今才能谈吐不凡。

原文：能文章则称述多，蓄道德则福报厚。

译文：擅长写作才能著作等身，蓄养道德才能福报丰厚。

题　解

本篇着重讲修身，从人生的各个方面教育后代如何学习、如何做事，怎样为人处世、怎样判断是非。可见作者对后人的要求是先从修身做人开始，从德行规范立足，其中的观点，与传统美德在家教上的理念是不谋而合的。

二、家庭篇

原文：欲造优美之家庭，须立良好之规则。

译文：想要营造幸福美好的家庭，必须建立合适妥善的规矩。

原文：内外六间整洁，尊卑次序谨严。

译文：里里外外的街道房屋要整齐干净，长幼之间的人伦秩序要谨慎严格。

原文：父母伯叔孝敬欢愉，姒娌弟兄和睦友爱。

译文：对父母叔伯要孝敬承欢，对姒娌兄弟要和睦友爱。

原文：祖宗虽远，祭祀宜诚；子孙虽愚，诗书须读。

译文：祖先离我们虽然年代久远，祭祀也应该虔诚；子孙即便头脑愚笨，也必须读书学习。

原文：娶媳求淑女，勿计妆奁；嫁女择佳婿，勿慕富贵。

译文：娶媳妇要找品德美好的女子，不要贪图嫁妆；嫁姑娘要选才德出众的女婿，不要羡慕富贵。

原文：家富提携宗族，置义塾与公田；岁饥赈济亲朋，筹仁浆与义粟。

译文：家庭富足时，要帮助家族中人，设立免费的学校和共有的田地；年景不好闹饥荒时，要救济亲戚朋友，筹备施舍的钱米。

原文：勤俭为本，自必丰亨；忠厚传家，乃能长久。

译文：把勤劳节俭作为根本，必定会丰衣足食；用忠实厚道传承家业，就能够源远流长。

题　解

本篇传承中国自古以来的治家思想，把人伦关系放在首位，在调整好家庭关系的基础上，总结了多方面的治家经验。像嫁娶要重人品、勤劳忠厚为本、助人为乐等，这些都是传统美德中的重要范畴。

三、社会篇

原文：信交朋友，惠普乡邻。

译文：用诚信结交朋友，把恩惠遍及乡邻。

原文：矜孤恤寡，敬老怀幼。

译文：怜惜孤儿救济寡妇，尊敬老人关心小孩。

原文：救灾周急，排难解纷。

译文：救济受灾的人们，施援急需的状况；为他人排除危难，化解矛盾纠纷。

原文：修桥路以利众行，造河船以济众渡。

译文：架桥铺路方便人们通行，遇河造船帮助人们过渡。

原文：兴启蒙之义塾，设积谷之社仓。

译文：兴办启蒙教育孩子的免费学校，建立存贮粮食以救饥荒的民间粮仓。

原文：私见尽要铲除，公益概行提倡。

译文：个人成见要全部剔除，公众利益要全面提倡。

原文：不见利而起谋，不见才而生嫉。

译文：不要看见利益就动心谋取，不要看见人才就心生嫉妒。

原文：小人固当远，断不可显为仇敌；君子固当亲，亦不可曲为附和。

译文：小人固然应该疏远，但一定不要公然与他成为仇敌；君子固然应该亲近，也不能失去原则不讲是非。

题　解

本篇以君子应有的品行规范为依据，提出待人接物的基本原则，传授为人处世的具体方法，这些都是在社会上立足的珍贵的人生经验。

四、国家篇

原文：执法如山，守身如玉。

译文：执行法令像山一样不可动摇，保持节操像玉一样洁白无瑕。

原文：爱民如子，去蠹如仇。

译文：爱护百姓就像爱护自己的孩子，剪除蠹虫就像面对自己的仇人。

原文：严以驭役，宽以恤民。

译文：管理属下要严格，体恤百姓要宽厚。

原文：官肯著意一分，民受十分之惠；上能吃苦一点，民沾万点之恩。

译文：官员如能多用一分心力，百姓就能得到十分的实惠；君王如果肯受一点辛苦，百姓就能得万倍的恩惠。

原文：利在一身勿谋也，利在天下者必谋之；利在一时固谋也，利在万世者更谋之。

译文：利益在自己一人就不去谋取了，如果利在天下百姓就一定要谋取；利益在当前一时当然要谋取，如果利在千秋万代就更要谋取。

原文：大智兴邦，不过集众思；大愚误国，只为好自用。

译文：才智出众的人能使国家兴盛，不过是汇集了大家的智慧；愚蠢至极的人会耽误国家大事，只因为总喜欢自以为是。

家训家书与中华美德传承

原文：聪明睿智，守之以愚；功被天下，守之以让；勇力振世，守之以怯；富有四海，守之以谦。

译文：即便聪颖明智，也要以愚笨自处；即便功高盖世，也要以辞让自处；即便勇猛无双，也要以胆怯自处；即便富有天下，也要以谦恭自处。

原文：庙堂之上，以养正气为先；海宇之内，以养元气为本。

译文：朝廷之中，要把培养刚正气节作为第一要务；普天之下，要把培养生命活力作为根本动力。

原文：务本节用则国富，进贤使能则国强；兴学育才则国盛，交邻有道则国安。

译文：干实事、开财源、节约开支，国家就会富足；选拔任用德才兼备的贤人，国家就会强大；兴办学校培养人才，国家就会昌盛；与邻邦交往信守道义，国家就会安定。

题 解

本篇在国家和社会层面上教育子孙应该如何对待各种现象和状况。如果说前三篇主要是关于修身齐家的教育，那么本篇的内容则提升到治国平天下的高度。其中像国富民强的道理，君子应取的态度等，都是对后人的谆谆教诲。

第九章

包拯家训

后世子孙仕宦，有犯赃滥者，不得放归本家。

——包拯

包拯（999—1062），字希仁。庐州合肥（今安徽合肥肥东）人。北宋名臣。天圣五年（1027），包拯登进士第。嘉祐六年（1061），任枢密副使、监察御史。因曾任天章阁待制、龙图阁直学士，故世称"包待制""包龙图"。嘉祐七年逝世，享年六十四岁。追赠礼部尚书，谥号"孝肃"，后世称其为"包孝肃"。包拯廉洁公正、为人正直、为官刚毅，故有"包青天"及"包公"之名，后世将他奉为神明崇拜，认为他是奎星转世，由于民间传其黑面形象，亦被称为"包青天"。包拯家训出自南宋历史笔记《能改斋漫录》，共五十一字，是现存最短小精悍的家训。

包孝肃公家训云："后世子孙仕宦，有犯赃滥者，不得放归本家；亡殁之后，不得葬于大茔之中。不从吾志，非吾子孙。"共三十七字，其下押字又云："仰珙刊石，竖于堂屋东壁，以诏后世。"又十四字。珙者，孝肃之子也。

包拯在家训中说道："后代子孙做官的人中，如有犯了贪污财物罪而被撤职的人，都不允许放回老家；死了以后，也不允许葬在祖坟上。不顺从我的志愿的，就不是我的子孙后代。"原文共有三十七个字。在家训后面签字时包拯又说："希望包珙把上面的文字刻在石块上，把刻石竖立在堂屋东面的墙壁旁，用来告诫后代子孙。"原文又有十四个字。包珙，就是包拯的儿子。

解析

包拯的家训就如他的为人，正直刚毅，其核心思想就是：做人不能贪图功名利禄，为人要廉洁正直。就是这么简单的两句话，让古往今来多少人扼腕叹息——不是不知道，就是做不到。要克服人性中多少无止境的欲望，方能践行这简单的道理。世上最简单的话，往往是最难做到的。包拯做到了，所以千百年来，老百姓把他奉为神明。包拯对他子孙的要求，也是对每个华夏儿女的期望。

第十章

司马光《温公家范》

何为其然也？昔者圣人遗子孙以德以礼；贤人遗子孙以廉以俭。

——司马光

题　解

　　《温公家范》出自北宋著名历史学家司马光之手。司马光（1019—1086），字君实，自号迂叟，陕州夏县（今山西夏县）人。因其出生地是诸侯国"温国"一带，按当时册封的习惯，司马光去世后追赠为"温国公"。所以，司马光的家训称为"温公家范"。"范"是规范的意思，是后人需要遵循的规矩。司马光是北宋四朝元老，学识渊博、正直谦恭，主持编撰的《资治通鉴》与司马迁的《史记》被尊为史学上的"双璧"。《温公家范》一书是司马光儒家思想和处世经验的总结，全面探讨了家庭伦理关系、为人处世之理和修齐治平之道，被公认为是儒家教化的经典教科书。

一、治家

原　文

　　卫石碏曰："君义、臣行、父慈、子孝、兄爱、弟敬，所谓六顺也。"

　　齐晏婴曰："君令臣共、父兹子孝、兄爱弟敬、夫和妻柔、姑慈妇听，礼也。"君令而不违，臣共而不二，父慈而教，子孝而箴，兄爱而友，弟敬而顺，夫和而义，妻柔而正，姑慈而从，妇听而婉，礼之善物也。夫治家莫如礼。男女之别，礼之大节也，故治家者必以为先。

　　樊重，字君云。世善农稼，好货殖。重性温厚，有法度，三世共财。子孙朝夕礼敬，常若公家。其营经产业，物无所弃；课役童隶，各得其宜。故能上下戮力，财利岁倍，乃至开广田土三百余顷。其所起庐舍，皆重堂高阁，陂渠灌注，又池鱼牧畜，有求必给。尝欲作器物，先种梓漆，时人嗤之。然积以岁月，皆得其用。向之笑者，咸求假焉。赀至巨万，而赈赡宗族，恩加乡闾。外孙何氏兄弟争财，重耻之，以田二顷解其忿讼。县中称美，推为三老。年八十余终，其素所假贷人间数百万，遗令焚削文契。债家闻者皆惭，争往偿之。诸子从敕，竟不肯受。

刘君良，瀛州乐寿人，累世同居。兄弟至四从，皆如同气。尺帛斗粟，相与共之。隋末，天下大饥，盗贼群起，君良妻欲其异居。乃密取庭树鸟雏交置巢中，于是群鸟大相与斗，举家怪之。妻乃说君良曰："今天下大乱，争斗之秋，群鸟尚不能聚居，而况人乎？"君良以为然，遂相与析居。月余，君良乃知其谋，夜揽妻发骂曰："破家贼，乃汝耶！"悉召兄弟哭而告之，立逐其妻，复聚居如初。乡里依之以避盗贼，号曰义成堡。宅有六院，共一厨，子弟数十人，皆以礼法。贞观六年，诏旌表其门。

译文

春秋时卫国大夫石碏说："君王有仁义，诸臣就有德行；父亲慈祥，儿子就孝顺；哥哥友爱，弟弟就谦恭，这就是所谓的六顺。"

齐国的晏婴说："君王和善，诸臣就恭敬；父亲慈祥，儿子就孝顺；哥哥友爱，弟弟就恭敬；丈夫和蔼，妻子就柔顺；婆婆慈善，媳妇就听话，这就是礼。"君王和善，不违背礼法，诸臣效忠，就不生二心；父亲对子女慈祥，循循善诱，子女孝顺也听得进规劝；哥哥对弟弟友善，弟弟对哥哥恭顺；丈夫对妻子温和，妻子对丈夫柔顺；婆婆对媳妇慈爱，媳妇就听话而温婉。这一切都合乎礼的规范。要治理好家庭，合乎礼是最高境界。男人和女人的不同，是礼的重点，所以，能治理好家庭的人，肯定首先要遵循礼的规范。

樊重，字君云。他家世世代代都很会种庄稼，并且擅长做生意。

樊重性情温和厚道，做事情很注重礼法。他家三代没有分家，财物共同享有，但子孙都相互礼让，家里常常像官府一样讲究礼仪。樊重经营家里的产业，非常有办法，一点损失浪费都没有；他使用仆人、佣工，能够人尽其用，所以他的家庭能够心往一处想、劲往一处使，财产和利润每年都成倍增长，以至于后来家里的田地扩充到三百多顷。樊重家所建造的房子都是多层高大的楼阁，四周有池塘沟渠水流环绕。樊重家还养鱼、养牲畜，乡里有穷困危急的人向他家求助，樊重一般都会伸出援手、满足他们的要求。樊重曾经想制作漆器，他就先种植梓树和漆树。当时的人们都对他的做法嗤之以鼻，但是在几年之后，梓树和漆树都派上了用场，那些曾经耻笑他的人，现在反过来都向他借这些东西。樊重的金钱财物积攒丰厚，他便经常周济本家同族，拿出钱财施舍给乡里乡亲。樊重的外孙何氏，兄弟之间为一些财产而争斗，樊重为他们的行为感到不光彩、没脸面，就索性送给他们两顷田地，来化解他们兄弟之间的怨愤，免得这兄弟俩诉讼公堂。本县的人都称道樊重的品行和美德，将他推选为德高望重的三老。樊重在八十多岁的时候去世，他平素所借给别人的钱财有数百万之多，他在遗嘱中交代子女们将那些有关借贷的文书契约全部烧掉。向他借贷的那些人听说后都感到很惭愧，争先恐后地前去偿还，樊重的孩子们都谨遵父训，一概没有接受。

刘君良，瀛州乐寿人。他们家老少几代都同居住在一个大家庭中，即使是远房的兄弟，也和同胞兄弟一样亲密和气。就是一尺布，一斗米，大家都是共同享用。隋朝末年，发生了大饥荒，强盗蜂起、贼寇遍地，刘君良的妻子想要分家居住。但是她不好意思开口，于是就想了一个办法，将庭院里一棵树上的两窝小鸟调换鸟巢放置。这样一来，两窝鸟就打了起来。刘君良一家人都觉得很奇怪，于是妻子就对刘君良说："现在天下大乱，到处都在争斗，连鸟都不能在一起安居，更何况人呢？"刘君良认为妻子说的对，就与兄弟们分开来生活。过了一个多月，刘君良明白了妻子原先的计谋，便在晚上揪住妻子的头发骂道："破家贼就是你！"他把兄弟们都招呼来，哭泣着把分家的真实原因告诉了大家，并立马将他的妻子休回家，众兄弟又像原来那样在一起过日子。乡亲们都依靠刘家人多势众，共同抵御盗贼。刘君良的大家庭被誉为"义城堡"。他们的住宅共有六个院落，但只有一个厨房。刘君良的子侄辈合起来有数十人之多，但都能以礼相待。贞观六年，唐太宗颁布诏令，旌表刘家。

解 析

《治家》一篇，围绕治家的主题，以事论理，阐述了治家的原则：一是礼在家庭人伦关系中的重要，讲了君臣、父子、兄弟、夫妻、婆媳之间的相处之道，所谓以礼相待，方能齐家。二是通过樊重的事迹，告诉后人，勤俭致富、以德治家才是聚集家财的真谛；宽厚待人、仗义疏财才是家道兴旺的正道。三是包容忍让。中国古代，一个大家族"累世而居"的情况很普遍。众多亲眷聚于一处，如何和睦相处，一直是需要面对的问题。处理得恰当，大家亲密无间；处理得不好，全族积怨重重。在司马光看来，事情的核心在一个"忍"字，只要大家彼此包容忍让，上下尊卑有序，就能化解矛盾、其乐融融。而礼仪、勤俭、宽厚、包容、忍让这些概念，都是从古至今上至帝王将相，下到平民百姓都公认的美德。

二、祖篇

原文

　　为人祖者，莫不思利其后世。然果能利之者，鲜矣。何以言之？今之为后世谋者，不过广营生计以遗之：田畴连阡陌，邸肆跨坊曲，粟麦盈囷仓，金帛充篋笥，慊慊然求之犹未足，施施然自以为子子孙孙累世用之莫能尽也。然不知以义方训其子，以礼法齐其家。自于数十年中，勤身苦体以聚之，而子孙于时岁之间奢靡游荡以散之，反笑其祖考之愚，不知自娱；又怨其吝啬，无恩于我，而厉虐之也。始则欺绐攘窃以充其欲；不足，则立券举债于人，俟其死而偿之。观其意，惟患其考之寿也。甚者，至于有疾不疗，阴行鸩毒，亦有之矣。然则向之所以利后世者，适足以长子孙之恶，而为身祸也。顷尝有士大夫，其先亦国朝名臣也。家甚富而尤吝啬，斗升之粟，尺寸之帛，必自身出纳，锁而封之。昼则佩钥于身，夜则置钥于枕下。病甚，困绝不知人。子孙窃其钥，开藏室，发篋笥，取其财。其人后苏，即扪枕下，求钥不得，愤怒遂卒。其子孙不哭，相与争匿其财，遂致斗讼。其处女亦蒙首执牒，自诣于府庭，以争嫁资，为乡党笑。盖由子孙自幼及长，惟知有利，不知有义故也。夫生生之资，固人所不能无，然勿求多余，多余，希不为累矣。使其子孙果贤耶，岂粗粝布褐不能自营，至死于道路乎？若其不贤耶，虽积金满堂，奚益哉！多藏以遗子孙，吾见其愚之甚也。然则贤圣皆不顾子孙之匮乏邪？曰："何为其然也？昔者圣人遗子孙以德以礼；贤人遗子孙以廉以俭。"

　　舜自侧微积德，至于为帝，子孙保之，享国百世而不绝。周自后稷、公刘、太王、王季、文王积德累功，至于武王而有天下。其《诗》曰："诒厥孙谋，以燕翼子。"言丰德厚泽，明礼法，以遗后世，而安固之也。故能子孙承统八百余年，其支庶犹为天下之显侯，棋布于海内。其为利，岂不大哉！

近故张文节公为宰相，所居堂室，不蔽风雨。服用饮膳，与始为河阳书记时无异。其所亲或规之曰："公月入俸禄几何，而自奉俭薄如此？外人不以公清俭为美，反以为有公孙布被之诈。"文节叹曰："以吾今日之禄，虽侯服王食，何忧不足？然人情由俭入奢则易，由奢入俭则难。此禄安能常恃？一旦失之，家人既习于奢，不能顿俭，必至失所。曷若无失其常，吾虽违世，家人犹如今日乎！"闻者服其远虑。此皆以德业遗子孙者也，所得顾不多乎？

译 文

作为先祖，没有不希望能够为后代造福的。可是真能造福于后代的却很少。为什么这样说呢？因为如今为后代谋福祉的那些人，只懂得为子孙多积钱财。田地连阡陌，商铺遍街巷，粮食堆满仓，财物塞满箱，即使如此，仍然觉得不够，还在苦心谋求。这样他们心里就舒坦自在了，以为子子孙孙世世代代都享用不尽了。但是，这些祖辈们却忘记了，更重要的，是应该教育子孙如何为人处世、怎样用礼法来管理家庭。他们自己几十年辛勤劳作积累起来的财富，十有八九被那些没有德行的子孙们很快就挥霍殆尽。不肖的子孙们反过来讥笑祖辈们不明智，不会享受人生，甚至还埋怨祖辈抠门，曾经对自己不好，没善待自己。那些家财万贯却没有得到良好教育的子孙，大都是一开始欺世盗名，以满足自己的私欲。满足不了的时候，就向他人立券借债，打算等到祖辈们死后再来还债。仔细剖析这些子孙们的心思，就会发现他们只是盼望祖辈们早死。更有甚者，祖辈有病不但不给医治，反而在暗中投毒，以求早一些得到家里的财产。那些为后代谋福祉的祖辈们，不但助长了子孙的恶行，也给自己带来了杀身之祸。过去有一位士大夫，他的祖先也是当朝名臣，家里非常富裕。但他却很小气，连斗升之粟、尺寸之布，他都要亲自手掌控。他还把金银财宝锁得严严实实，白天把钥匙藏在身上，晚上睡觉时把钥匙放在枕头下边。后来他得了重病，不省人事，子孙们趁机把钥匙偷走，打开密室，找到存放财宝的箱子，偷走了金银财宝。他从昏迷中苏醒过来后，就寻找枕头下面的钥匙，发现钥匙已不见了，于是满心怨愤地咽了气。他的子孙们不但没有为他去世而伤心，反而因为他留下的遗产，相互争夺、藏匿、打斗、诉讼。就连还没出嫁的女儿也蒙着头拿着状纸，在公堂之上喊冤叫屈，为自己争夺嫁妆。他们的卑劣行为受到了乡亲们的讥笑，究其原因，大概就是因为这些子孙们从小到大，只懂得追逐利益，不知道讲道义。生活中所用的钱财物资，本来是人生所必需的，但也不应去过分贪求。钱财一旦太多了，就会成为累赘。如果子孙们真的贤能，难道他们连粗茶淡饭、短衫布衣都不能自己获得？难道会饥寒交迫死在路旁吗？倘若子孙们无能，即便是金银堆满屋，又有什么用呢？祖辈们积攒财富留给子孙后代，足见他们很不明智。难道古代那些先贤都不操心其子孙后代的福祉吗？有人会问：他们为什么不给后代多留下些财产呢？因为古代先贤懂得，要留给子孙后代的是高尚的品德与规范的礼法，要传给子孙的是廉洁的品质和俭朴的作风。

舜出身卑贱却能够努力修身养性、提升品格，终于成就了帝王大业。他的子孙们继承他的高尚品德，治理国家历经百代而不亡。周朝从后稷、公刘、太王、王季、文王开始修炼品德、积累功业，到了周武王的时候，终于推翻殷商，夺取了天下。《诗经》里说："周文王谋及子孙，扶助子孙。"指的就是周文王积累恩德，推崇礼法，而且将这笔无形资产传给后代，使得国家安定、江山稳固。因而，他们的子孙后代能够统治国家达八百年之久。就连他们的那些叔伯亲戚们，也成了天下的望族，被分封为诸侯，像围棋的棋盘那样遍布五湖四海、四面八方。周家祖先留给后代的福祉难道还小吗？

最近去世的张文节公担任宰相的时候，居住在不能遮蔽风雨的旧房子里，衣着和伙食，也跟他担任河阳书记节度判官时没有什么两样。他亲戚规劝他说："你一个月的俸禄那么多，日子过得如此俭朴。外人不但不把你的清廉俭朴看作美德，反而还以为你像公孙弘一样在沽名钓誉呢！"张公感叹地说："凭我现在的俸禄，要想过王侯那样锦衣玉食的日子，何愁没有钱？可是我知道人的性情向来是由俭朴转向奢侈容易接受，由奢侈转为俭朴就很难适应。我怎会永远保持现在的俸禄呢？一旦失去俸禄，家人已经习惯了奢侈的生活，马上转为俭朴，他们必然会适应不了。既然这样，就不如一直保持这样的生活习惯吧！这样，即便我离开人世，我的家人也还能像现在一样愉快地生活下去。"凡是听到张公这番话的人，无不佩服他的深谋远虑。这些例子都是长辈们把品德和家业留给子孙后代的典范，这些子孙后代所得到的难道还不多吗？

解析

《祖篇》主要谈"为人祖者，莫不思利其后世"。司马光认为，有形的万贯家财，远不敌优良的家风和对子孙的教育，这虽然是无形的，但比那些满屋子的金银财宝更珍贵。因为物质财富往往不仅不能给子孙后代带来幸福和安逸，甚至会招来祸患，只有优良的家风家教不断流传，才能庇佑后人。此外司马光用张文节公的故事告诫子孙后人：由俭入奢易，由奢入俭难。这既是人之常情，也是千古不变的真理。贤人张公的言传身教，即使在今天依然对我们有着深刻的启迪。

三、父篇

原　文

陈亢问于伯鱼曰："子亦有异闻乎？"对曰："未也。尝独立，鲤趋而过庭。曰：'学《诗》乎？'对曰：'未也。''不学《诗》，无以言。'鲤退而学《诗》。他日又独立，鲤趋而过庭。曰：'学《礼》乎？'对曰：'未也。''不学《礼》无以立。'鲤退而学《礼》。闻斯二者。"陈亢退而喜曰："问一得三，闻《诗》、闻《礼》、又闻君子之远其子也。"

曾子曰："君子之于子，爱之而勿面，使之而勿貌，遵之以道而勿强言。心虽爱之，不形于外，常以严庄莅之，不以辞色悦之也。不遵之以道是弃之也。然强之，或伤恩，故以日月渐摩之也。"

北齐黄门侍郎颜之推《家训》曰："父子之严，不可以狎；骨肉之爱，不可以简。简则慈孝不接，狎则怠慢生焉。由命士以上，父子异宫，此不狎之道也。抑搔痒痛，悬衾箧枕，此不简之教也。"

石碏谏卫庄公曰："臣闻爱子，教之以义方，弗纳于邪，骄奢淫逸，所自邪也。四者之来，宠禄过也。"自古知爱子不知教，使至于危辱乱亡者，可胜数哉！夫爱之，当教之使成人。爱之而使陷于危辱乱亡，乌在其能爱子也？人之爱其子者，多曰："儿幼未有知耳，俟其长而教之。"是犹养恶木之萌芽，曰："俟其合抱而伐之"，其用力顾不多哉？又如开笼放鸟而捕之，解缰放马而逐之，曷若勿纵勿解之为易也。

《曲礼》："幼子常视毋诳。立必方正，不倾听。长者与之提携，则两手奉长者之手、负剑辟咡诏之，则掩口而对。"

《内则》："子能食食，教以右手。能言。"

曾子之妻出外，儿随而啼。妻曰："勿啼，吾归为尔杀豕。"妻归以语曾子。曾子即烹豕以食儿曰："毋教儿欺也。"

 译 文

　　陈亢问伯鱼："孔夫子有没有什么奇闻逸事呀？"伯鱼回答说："没什么奇谈异事。只是有一回，我自己侍奉在他老人家身边，他儿子孔鲤着急走过厅堂。夫子问他：'你学了《诗经》了吗？'孔鲤回答说：'还没有。'夫子就教育他说：'不学习《诗经》，就没有资格说话。'孔鲤听完就退下，去学《诗经》了。过了几天，我又自己独自侍奉在夫子身边，孔鲤又迈着小步快速走过厅堂。夫子又问：'你学习了《礼》没有？'孔鲤回答说：'没有。'夫子又教育他说：'不学习《礼》，就不能立身。'孔鲤就又退下去学习《礼》。"陈亢听完这两件事，回去后兴奋地说："我虽然只提了一个问题，却明白了三个道理。一是明白了学习《诗经》的道理；二是懂得了学习《礼》的道理；三是知道了圣贤与自己子女相处不能过于随意、要遵循礼仪的道理。"

　　曾子说："君子从来不把对子女的喜爱写在脸上，指使子女也从来不露声色。以理服人，从来不勉强他们。虽然心里美滋滋的，但从不喜形于色。对子女们的态度要严肃庄重，不能和颜悦色地讨好他们。不教育自己的子女按规矩做事，容易把他们引上不守规矩的路。可是，如果总是勉强他们，又容易伤了父子感情。所以，最好是通过言传身教来逐渐引导他们。"

　　北齐黄门侍郎颜之推在家训中说："父子之间应该严肃，不能太随便了。家庭之中，也不能漫不经心。太随便或怠慢，都会扭曲父慈子孝的关系。所以古人立下规矩，当官的家里，父子要分开住，就是要防止父子之间过于随意或亲昵。儿子要给父母按摩，侍奉父母、缓解病痛，或者帮父母整理床铺，等等，都是避免子女对父母怠慢失礼的好办法。

石碏劝谏卫庄公说："我听说，如果父母疼爱子女就应该教子女做人的道理，别让子女误入歧途。奢侈骄横、淫乱放纵，都得不到善终。真要是养成了骄奢淫逸这四个坏毛病，肯定是过度溺爱造成的。"古往今来，很多父亲都知道疼爱孩子，却不知道怎样教育他们，最后让他们害人害己。这样的事情不胜枚举。疼爱子女，本该教育培养引导其成才，结果却让他们误入歧途，这哪是真正的疼爱。那些疼爱子女的人常说："孩子太小，还不懂事，等他们长大了再教育也不迟。"这就好比一棵树苗，长歪斜了，现在如果不把它扶正了，等长大了再想弄直它，就是花再大的工夫也无济于事。就好比鸟儿已飞出笼子、马儿已挣脱缰绳，想再抓回来，谈何容易。再说了，早知今日，何必当初。

《礼记·曲礼》说："对小孩子来说，要经常关心教育他，不要在他面前撒谎。"又说："从小就要培养孩子的好习惯，站的时候要立正，听别人讲话时不能歪着身子。"还说："如果长辈和你握手，你要用双手捧着长辈的手；如果长辈俯下身子与你讲话，你要用手遮住自己的嘴，然后再毕恭毕敬地说话。"

《礼记·内则》里说："当孩子到了能自己吃饭的年龄，父母就应该教会孩子怎样用右手拿筷子；到了学说话的年龄，教会孩子怎样礼貌应答。"

曾子的妻子出去办事，儿子跟着她一路哭闹，曾妻哄儿子说："别哭了！等回来就杀猪给你炖肉吃。"妻子回来后，就把刚才说的话告诉了曾子。曾子当即就真的把家里的猪给杀了，给孩子炖肉吃。他说："我给他杀猪炖肉，就是为了教育他不要说谎骗人。"

解析

本篇围绕家庭教育，表达了几方面的观点：

一是立家之本，孔子教育孩子的故事让陈亢明白了三个道理，也告诉后人，《诗》和《礼》是圣人立家之本，是教育后人的基本教材。《诗经》不仅仅是文学，也包含了文化历史和社会民俗，所以孔子说"不学《诗》无以言"。而礼仪是调节家庭关系的规矩，所以孔子说"不学《礼》无以立"。家庭是这样，国家亦如此，没有文化、缺少礼仪，怎能屹立于世界民族之林？

二是调节家庭关系，尤其是父母与子女的关系上，提出了严肃而不怠慢的原则，所谓要"严庄"而不"简狎"。

三是不能溺爱孩子，否则既害了社会，也害了孩子自己，所谓"骄奢淫逸""宠禄过也"。

四是孩子要从小开始教育，就像长歪的小树，小的时候不扶正，长大就扶不过来了，那时候就悔之晚矣。

五是家庭教育重在长辈言传身教，父母以身作则，不能欺瞒哄骗。曾子杀猪的故事，千古流传，其意自现。

四、子篇

原文

《孝经》曰："夫孝，天之经也，地之义也，民之行也。天地之经而民是则之。"又曰："不爱其亲而爱他人者，谓之悖德；不敬其亲而敬他人者，谓之悖礼。以顺则逆，民无则焉。不在于善，而皆在于凶德，虽得之，君子不贵也。"又曰："五刑之属三千，而罪莫大于不孝。"孟子曰"不孝有五：惰其四支，不顾父母之养，一不孝也；博奕好饮酒，不顾父母之养，二不孝也；好财货私妻子，不顾父母之养，三不孝也；从耳目之欲，以为父母戮，四不孝也；好勇斗狠以危父母，五不孝也。"夫为人子而事亲或有亏，虽有他善累百，不能掩也，可不慎乎！

《经》曰："君子之事亲也。居则致其敬，养则致其乐，病则致其忧，丧则致其哀，祭则致其严。"

《礼》："子事父母，鸡初鸣而起，左右佩服，以适父母之所，下气怡声，问衣燠寒，疾痛苛痒，而敬抑搔之。出入则或先或后，而敬扶持之。进盥，少者奉盘，长者奉水，请沃盥，盥卒，受巾。问所欲而敬进之，柔色以温之。父母之命，勿逆勿怠。若饮之食之，虽不嗜，必尝而待；加之衣服，虽不欲，必服而待。"

汉谏议大夫江革，少失父，独与母居。遭天下乱，盗贼并起，革负母逃难，备经险阻，常采拾以为养，遂得俱全于难。革转客下邳，贫穷裸跣，行佣以供母。便身之物，莫不毕给。建武末年，与母归乡里，每至岁时，县当案比，革以老母不欲摇动，自在辕中挽车，不用牛马。由是乡里称之曰"江巨孝"。

译 文

《孝经》说："孝顺父母是天经地义的，是人的本能行为，合乎自然规律，也是大家都要遵循的。"《孝经》又说："不爱自己的亲人而去爱其他人，是有悖于道德的；不尊敬自己的父母而去尊敬其他人，是有悖于礼法的。不是顺应人心天理地爱敬父母，偏要逆天理而行，人民就无法效从了。不是在善道上下功夫，而却凭借违背道德礼法的行为而一时得志，这是为君子所鄙视的。"《孝经》还说："五种刑罚里，有三千条罪状，其中最大的就是不孝。"孟子说不孝有五种："一是好逸恶劳，忘记父母的养育之恩；二是赌博酗酒，不念父母的培育之情；三是贪恋财物，只顾自己妻儿，不顾父母生活；四是只管寻欢作乐，让父母蒙羞；五是到处打架滋事，危及父母安全。"所以说，做子女的，如果不能尽心侍奉父母，再多的优点也不足以弥补这个错误。因此，为人子女要谨慎呐！

《孝经》说："君子侍奉父母，居家要对父母恭恭敬敬；赡养父母，要让父母感到愉快；父母生病了，要为他们担忧；父母去世了，要为他们哀悼；祭奠父母，要庄重严肃。"

《礼记》说："子女侍奉父母，鸡一叫就起床，洗漱完毕、穿戴整齐，然后去父母居室问安。问安的时候要和颜悦色。如果父母身体不舒服，这儿疼那儿痒，或是生病了，要尽力医治。如果与父母一同出入，或在前引路，或在后服侍、恭谨地搀扶。子女伺候父母洗漱，年龄小的负责拿盆，年龄大的负责倒水。请父母洗脸，要主动递上毛巾，再耐心询问父母需要、安慰父母情绪，随时侍奉。父母的吩咐不要违逆，也不能敷衍。父母让你吃东西，即使不合胃口，也要吃一些；送你衣服穿，哪怕不合自己心意，也先穿上，父母让脱再脱下。"

东汉的谏议大夫江革，少年时父亲去世，与母亲同住。当时天下大乱，盗贼遍地。江革背着母亲逃难，遭遇了各种危难。在下邳客居的时候，穷得连鞋子都穿不起，常常光着脚侍奉母亲。母亲的所需之物，都全部满足。后来同母亲回归乡里，每到年终岁尾，县里检查户口，因为路途颠簸，担心母亲受累，就不用牛马，亲自驾辕拉车，被乡亲誉为"江巨孝"。

解析

《子篇》着重阐述子女孝顺的问题，这是中国传统文化尤其是儒家文化的核心之一。奉养双亲既是人必须遵循的贤德，也是人之所以为人的天然本性。所以，"百善孝为先"。一个人如果对自己的双亲都做不到恭敬、奉养、孝顺、爱戴，那么他做人必有瑕疵。那么，怎样侍奉好父母呢？司马光提出了具体的要求，他先从反面引用了《孟子》的"不孝有五"的现象，界定了什么是不孝，又引用了《礼》中对父母孝敬的要求来揭示怎么算是孝，接下来又说了"江革"的故事，告诉世人孝奉双亲的典范是怎样做的。当然，随着时代的变迁和社会的发展，对孝敬和侍奉父母的理解和做法会有变化，但作为传统的美德，其核心及本质是永恒的。

第十一章

袁采《袁氏世范》

忠信笃敬，先存其在己者，然后望其在人。

——袁采

题 解

《袁氏世范》是宋代袁采所作。袁采，衢州人，隆兴元年（1163）进士。有才气、讲德行，为人耿直、为官廉明。受子思在百姓中弘扬儒学的启发，作《袁氏世范》以教化风俗。

《袁氏世范》共三卷，分《睦亲》《处己》《治家》三篇。《睦亲》凡六十则，论及父子、兄弟、夫妇、妯娌、子侄等各种家庭成员关系的处理，具体分析了家人不和的原因、弊害，涵盖了家庭关系的各个方面。《处己》计五十五则，纵论立身、处世、言行、交友之道。《治家》共七十二则，基本上是持家兴业的经验之谈。

通常学者认为，《袁氏世范》立意训俗且近人情，理念不陈腐僵化，并不把"四书五经"的观念和做法强加于人，而是根据时代发展和生活实际，阐述思想和提出要求，不少方面超越了传统，可以看出作者思想的开放和进取。本书在使用时有筛选删节。

一、处家多想别人长处

原 文

慈父固多败子，子孝而父或不察。盖中人之性，遇强则避，遇弱则肆。父严而子知所畏，则不敢为非，父宽则子玩易，而恣其所行矣。子之不肖，父多优容；子之愿悫，父或责备之无已。惟贤智之人即无此患。至于兄友而弟或不恭，弟恭而兄或不友；夫正而妇或不顺，妇顺而夫或不正，亦由此强即彼弱，此弱即彼强，积渐而致之。为人父者能以他人之不肖子喻己子，为人子者能以他人之不贤父喻己父，则父慈爱而子愈孝，子孝而父益慈，无偏胜之患矣。至如兄弟夫妇，亦各能以他人之不及者喻之，则何患不友、恭、正、顺者哉。

译 文

　　过于慈祥的父亲容易培养出败家子，儿子的孝顺有时却并不被父亲体悟得到。按人之常情来说，碰到强硬的事物就会躲避，遇见软弱的事物就会放肆。父亲严厉，儿子就知道畏惧，因此不敢胡作非为；父亲宽容，儿子对什么都不往心里去，因而放纵自己。对儿子的不肖，父亲不加管束；对儿子的诚实，作父亲的却过于苛责。贤达睿智的人不会给自己惹祸上身。至于那些兄长友爱弟弟，弟弟却不敬重兄长的，弟弟尊敬兄长，兄长却不友爱弟弟的；丈夫正派，妻子却不柔顺，妻子柔顺而丈夫不正派的，也是由于一方太强了，另一方就很容易软弱；一方软弱，另一方就会示强，这是日积月累而形成的。做父亲的，如果能把人家的不肖子与自己的儿子相比较；反过来做儿子的，如果能把别人家不贤达的父亲与自己的父亲相比较，那么父亲就会更知道关爱儿子，儿子也会愈加孝顺体贴父亲；这样就避免了偏颇的隐患。至于兄弟、夫妇之间，如果都能以他人的缺点与自己亲人的优点去比较，那么还怕自己的亲人对自己不友爱，不恭敬，不正派，不柔顺吗？

解 析

　　父慈子孝，兄友弟恭，夫正妻顺，是自古以来家庭伦理关系的最高境界。然而在现实生活中，父亲慈祥儿子却不孝顺，哥哥友爱弟弟却不恭敬，妻子柔顺丈夫却不正派，或者也会出现与上面说的相反的情况。在袁采看来，出现这种事与愿违的失衡现象，实在是因为父与子、兄与弟、夫与妻之间，没有真正把握住自己在家庭中的角色定位，从而没能做到"以礼相待"所导致的。因此，"礼"是家庭人伦关系得以平衡并长久维系的核心，"以礼相待"也是社会文明中不可或缺的美德。

二、为人岂可不孝

原 文

人当婴孺之时，爱恋父母至切；父母于其子婴孺之时，爱念尤厚，抚育无所不至。盖由气血初分，相去未远，而婴孺之声音笑貌，自能取爱于人。亦造物者设为自然之理，使之生生不穷。虽飞走微物亦然。方其子初脱胎卵之际，乳饮哺啄，必极其爱。有伤其子则护之，不顾其身。然人于既长之后，分稍严而情稍疏，父母方求尽其慈，子方求尽其孝。飞走之属稍长，则母子不相识认，此人之所以异于飞走也。

译 文

当人还是婴儿的时候，对于父母的爱戴和依恋是极为深切的。而父母对于处在婴儿时代的儿女，爱护怜惜之情也很深厚，抚育关爱达到无微不至的地步。或许由于父母和孩子的血脉刚刚分离，更何况婴儿的音容笑貌本身就能让父母心花怒放，这也是自然界的天意，让人类和这个世界能生生不息、繁衍不止。即使是飞禽走兽、微小的生物也是这个道理，当它们的子女刚刚出生的时候，哺乳喂养都极其用心。如果有意外降临到孩子身上时，它们就会奋不顾身，挺身帮忙保护孩子。然而，当孩子渐渐地长大，独立意识增强，依恋的感情也会日渐疏远。此时父母应该尽自己最大的努力做到慈祥，子女们也力求做到孝顺。飞禽走兽之类长大之后，母子不相认，这是人与飞禽走兽不相同的地方。

解 析

父母爱护哺育子女，子女恭敬孝顺父母既是人伦之理，也是天然之道。连动物都知道这样做，何况人呢？所以"为人岂可不孝"。中国人历来把"孝"字放在一个人品性德行最重要的位置，就是这个道理。

三、教子勿待长成之后

原　文

人有数子，饮食衣服之爱，不可不均一；长幼尊卑之分，不可不严谨；贤否是非之迹，不可不分别。幼而示之以均一，则长无争财之患；幼而教之以严谨，则长无悖慢之患；幼而有所分别，则长无为恶之患。今人之于子，喜者其爱厚，而恶者其爱薄，初不均平，何以保其他日无争？少或犯长，而长或陵少，初不训责，何以保其他日不悖？贤者或见恶，而不肖者或见爱，初不允当，何以保其他日不为恶？

译　文

一个人如果有几个孩子，给孩子们的饮食、穿戴应该均等；长幼尊卑的名分，不能不严谨；好坏是非，不能不分别清楚。孩子小的时候，让他们认识到平均如一、不偏不向的做法是正确的，长大后就不会有相互争夺财物的祸患；小时候严格要求孩子，做事要严谨，长大之后就不会有违背怠慢长辈的隐患；小时候教给孩子是非好坏如何分辨，长大后就没有必要担心他们会作恶。现在的人们对待孩子，喜欢的，就多关心，不喜欢的，就很少爱怜。开始就没有平均如一的观念，就无法保证日后他们不相互争夺！小辈冒犯长辈，长辈凌侮小辈，开始不加以训斥，就无法保证日后孩子们会不违背怠慢长辈！品行端庄贤达的孩子被厌弃，不肖子却被疼爱，就无法保证日后孩子们不做坏事！

解 析

辨别好坏，分清是非，平等待人，恭敬长辈，这些都是贤达之人的美德。当然，美德的形成是要从小开始、逐步培养的。古人的成功经验，对今人依然有着深刻的借鉴意义。古代贤良方正之士，对其子孙的要求从小就极为严格。凡是娇宠溺爱子孙的，没有一个有好的结局。

四、分财产贵公允

原 文

朝廷立法，于分析一事，非不委曲详悉。然有果是窃众营私，却于典卖契中，称系妻财置到，或诡名置产，官中不能尽行根究。又有果是起于贫寒，不因父祖资产，自能奋立，营置财业；或虽有祖宗财产，不因于众，别自殖立私产。其同宗之人，必求分析。至于经县、经州，经所在官府，累十数年，各至破荡而后已。若富者能反思，果是因众成私，不分与贫者，于心岂无所歉？果是自置财产，分与贫者，明则为高义，幽则为阴德，又岂不胜如连年争讼，妨废家务，及资备裹粮，与嘱托吏胥，贿赂官员之徒费耶？贫者亦宜自思，彼实窃众，亦由辛苦营运，以至增置，岂可悉分有之？况实彼之私财，而吾欲受之，宁不自愧？苟能知此，则所分虽微，必无争讼之费也。

译 文

朝廷对于家庭财产分割的立法并不是不详尽，然而仍有人在损公利己，在家庭财产的典卖契约中，把家族的公共财产说成是妻子陪嫁的私产，有的甚至用一个虚假的化名来购置田产。对于这类现象，官府不可能全部彻查清楚。确实是有的人因此发迹，脱贫致富，不依靠祖辈的积蓄，自己立业、购置田产财物。还有的即使有先辈遗留下来的产业，也不像别人那样因循守旧，死守祖宗的产业，而是自己另置属于自己的财产。在这样的情况下，同宗族的其他人一定要求分割其财产，直至闹到县、州官府，甚至打官司数十年，彼此到了倾家荡产方才罢休。如果富裕起来的那个人，能够反思一下自己的行为，是不是真的损公肥私，如果真的是，那么你不把多余的财物分给贫穷者，你的良心不受谴责吗？即使真是自己呕心沥血置办起来的家产，把它们分一些给贫穷的亲戚，表面上是一种高尚的义举，私底下也在积累自己的阴德。难道不比常年为了打官司，抛家舍业买干粮、备证据，贿赂官吏强得多吗？贫穷之人也应该反省自己，就算他当初确实干了损公肥私的勾当，也要经过多年的辛苦经营才使财富逐渐积累到这个程度，怎么可以把他的财产全部分给别人呢？况且实在是人家自己置办起来的私财，而我却想得到它，难道不感到很羞愧吗？假如能懂得其中的道理，即便是自己所分到的财物很少，也没有再为打官司而花钱费力的必要了。

解 析

本篇题意为"财产分配贵在公平"，意在告诉后人，兄弟之间要和睦相处，不要为了财产、利益而伤了手足之情。财富的积累是靠自己苦心经营挣来的，想靠分取别人的财物是不可能致富的。所以，争夺财物、巧取家产，无论是鲸吞还是蚕食，或是巧取，或是豪夺，都是非常愚蠢的，在争夺的过程中不仅使自己蒙受名誉和财产上的损失，还损毁了家庭人伦关系，泯灭了手足亲情。

五、居家贵宽容

原 文

自古人伦，贤否相杂。或父子不能皆贤，或兄弟不能皆令，或夫流荡，或妻悍暴。少有一家之中，无此患者。虽圣贤亦无如之何。譬如身有疮痏疣赘，虽甚可恶，不可决去，惟当宽怀处之。能知此理，则胸中泰然矣。古人所以谓父子、兄弟、夫妇之间，人所难言者如此。

译 文

自古以来的人伦关系，贤达和不肖混在一起。有的父子不是都品德贤达，有的兄弟也不是都能做到无可挑剔，有的丈夫随意放荡，有的妻子悍厉粗暴，很少有一家中能免除这种遗憾而尽善尽美的，即使圣贤之家也难免出现这种情况。就像身上长了脓疽疮痛，虽然很恶心，却不能一下子剜掉，只能用宽容和善良来对待。如果能明白这个道理，那么对待这些事就会非常坦然。古人所谓父子、兄弟、夫妇之间难以言说的无非就是这些事情。

解 析

人的缺点有如生长于身上的疥疮一样，虽然深恶痛绝，却无法去除它。在家庭中也是一样，"金无足赤，人无完人"，如果彼此不能够容忍对方的缺点，就会使家庭不和。所谓"退一步海阔天空"，就是这个道理。凡事以宽容之心对待，以忍耐之心处之，以吃亏是福之心自慰，很多看似无法调和的矛盾都可以化解。黄金有价，情义无价，无论是父子、兄弟、夫妻，还是婆媳、姑嫂，都需要彼此的宽容之心。能够设身处地为对方着想，从对方的角度去看待他所做的一切，就不易发生误会；坦诚相待，也不易出现情感危机。

六、身教重于言传

原　文

人有数子，无所不爱，而于兄弟则相视如仇雠，往往其子因父之意，遂不礼于伯父叔父者。殊不知己之兄弟，即父之诸子，己之诸子，即他日之兄弟。我于兄弟不和，则己之诸子，更相视效，能禁其不乖戾否？子不礼于伯叔父，则不幸于父，亦其渐也。故欲吾之诸子和同，须以吾之处兄弟者示之；欲吾子之孝于己，须以其善事伯叔父者先之。

译　文

一个人不管有几个儿子，对每一个都非常喜欢，但往往对自己的兄弟却视如仇人。他的儿子们往往由于父亲对自己兄弟的态度，也对伯父、叔父不礼貌。难道他们不知道，自己的兄弟都是自己父亲的亲儿子，而自己的几个儿子在日后也会成为兄弟吗？我和自己的同胞兄弟不和睦，那么我的几个儿子就会争相仿效，这样的话，怎么能阻止他们日后彼此结仇呢？儿子们对伯父、叔父不礼貌，那么，他们长大之后也会渐渐不孝顺父亲。所以，想要让我的几个儿子和睦相处，我就必须让儿子们清楚地看到，自己是怎样与兄弟们和睦相处的。如果想要让我的儿子们日后能孝顺我，就必须首先让他们善待叔父、伯父们。

解　析

所谓"有其父必有其子"，此之谓也！本篇形象地概括了父亲对儿子的影响力，从而揭示出言传不如身教的道理，说再多的话，也不如自己的行为来得有力。在教育孩子这个问题上，以身作则是一剂良药。

七、富贵不宜骄横

原文

　　富贵乃命分偶然，岂宜以此骄傲乡曲？若本自贫窭，身致富厚，本自寒素，身致通显，此曷人之所谓贤，亦不可以此取尤于乡曲。若因父祖之遗资而坐飨肥浓，因父祖之保任而驯致通显，此何以异于常人？其间有欲以此骄傲乡曲，不亦羞而可怜哉？

译文

　　谁富谁贵，在人生中是颇为偶然的事情，岂能因为富贵了就横行乡里、作威作福。如果本来贫穷，后来发财致富；或是本来出身微贱，后来身居高官，这种人虽然被世人视为有才能，但也不能因此而在家乡过于招摇。如果因为祖先的遗产而过上富足生活，依靠父亲或祖父的保举而获得官位，这种人与常人又有什么区别？他们中如果有人想在乡亲们面前炫富夸官，这种炫耀不仅令人感到羞愧，甚至令人感到可怜。

解析

　　中国有句古话，叫作"富贵不能淫，贫贱不能移"。人生在世，或富或贵，因素很多。或勤劳致富、财源滚滚，或才学过人、官运亨通，或先辈的遗产丰厚、躲都躲不掉，总之，富贵显达了，断不可过分张扬、无度招摇、四处炫耀，甚至骄横乡里耍威风。那样的话必为人所鄙视，以致招来祸患。

八、严律己宽待人

  原　文

忠信笃敬，先存其在己者，然后望其在人。如在己者未尽而以责人，人亦以此责我矣。今世之人，能自省其忠信笃敬者盖寡，能责人以忠信笃敬者皆然也。虽然，在我者既尽，在人者亦不必深责。今有人能尽其在我者固善矣，乃欲责人之似己，一或不满吾意，则疾之已甚，亦非有容德者，只益贻怨于人耳。

译　文

忠诚、诚信、厚道、恭敬，这些品德只有自身先具备了，然后才能希望别人也具有。如果自己在为人处世、待人接物时，还没有达到这种境界，却以此来苛求别人，别人便也会以此来责怪你了。现在，能自我反省是否忠诚、诚信、厚道、恭敬的人，已经很少了，而以此来要求别人的却比比皆是。其实，即使自己在待人接物时做到了这些，也不必强求别人一定要做到。现在，有的人在待人接物时，确实做得很不错了。可是，他想要别人也都像他一样，一时不称他的心，就毫不客气地责备人家。这种人缺失的是容人之德，很容易与人结怨。

解　析

"严己宽人"是自古以来贤达之人的美德，也是社会和谐的重要因素。自己不够优秀，当然就没资格去要求别人。即使自己很优秀，也不要去苛求别人。严格地要求自己，宽容地理解他人，这就是君子。如果反其道而行之，即使已经很优秀了，那样待人接物，也是刻薄有余、贤达不足。

九、君子有过必改

原 文

圣贤犹不能无过，况人非圣贤，安得每事尽善？人有过失，非其父兄，孰肯诲责；非其契爱，孰肯谏谕。泛然相识，不过背后窃议之耳。君子惟恐有过，密访人之有言，求谢而思改；小人闻人之有言，则好为强辩，至绝往来，或起争讼者有矣。

译 文

圣贤尚且不能没有过错，何况一般人不是圣贤，怎么能够每件事都做得尽善尽美呢？一个人犯了过错，不是他的父母兄长，谁肯教诲责备他呢？不是他情意相投的朋友，谁又肯规谏劝告他呢？关系一般的人，不过是背地里议论他几句罢了。品德高尚的君子，唯恐自己犯错，暗地查访别人对自己的议论，听到这些议论就会感谢别人，并且想着改正过错。品德低下的小人，听到别人对自己的议论，就爱强行替自己辩解，以至于断绝了朋友的交往，还有人为此而对簿公堂。

解 析

俗语说："人非圣贤，孰能无过。"犯了错误不要紧，关键是看他怎样去对待错误。君子闻过则喜，知错就改；愚人刚愎自用，颟顸无能。遍观古今，不论开明君主，还是贤达人士，凡是能成就一番事业的，往往都能知错必改、从善如流。而那些文过饰非，不思悔改，甚至只想推诿过失、委罪他人的卑陋小人，注定要成为被人耻笑的无耻之徒。

十、正人先正己

原　文

勉人为善，谏人为恶，固是美事，先须自省，若我之平昔，自不能为人，岂惟人不见听，亦反为人所薄且如己之立朝可称，乃可诲人以立朝之方：己之临政有效，乃可诲人以临政之术；己之才学为人所尊，乃可诲人以进修之要；己之性行为人所重，乃可诲人以操履之详；己能身致富厚，乃可诲人以治家之法；己能处父母之侧而谐和无间，乃可诲人以至孝之行。苟惟不然，岂不反为所笑？

译　文

如果别人做了好事，就勉励赞扬他；如果别人做了坏事，就批评劝告他，这是理所当然的好事。但是，必须事先自己反省自己。如果是自己平时也做不到的事，却要去规劝别人，非但不会被别人接受，反倒要被别人瞧不起。这就好比是自己在朝为官，有被人赞誉的地方，才可以用自己在朝为官的方法教诲别人；自己处理政事卓有成效，才可以用自己处理政事的方法培养别人；自己的才学被人所敬佩，才可以用自己进德修业的要领来训导别人；自己的品性德行被人尊重，才可以用自己的操行来教育别人；自己能发家致富，才可以用治家经商之法启迪别人；自己能住在父母旁边且能与父母和睦相处，才能用自己的孝顺行为来说服别人。如果说自己尚且做不到这些，却要去教诲别人，岂不反倒被别人耻笑吗？

解　析

中国古代的儒家讲究修身正己，认为只有自己做到德才兼备，才可以去治理民众，教诲他人。《论语》里说"其身正，不令而行，其身不正，虽令不从""苟正其身矣，于从政乎何有？不能正其身，如正人何"就是这个意思。中华民族几千年来形成的行为规范中，注重品德修养，正己才可以正人，已经成为传承不衰的美德，历代仁人志士和贤哲达人身上都闪烁这种美德的光辉。而有的人，或身居高位，刚愎自用；或财大气粗，装腔作势；或心怀鬼胎，自以为服众。这些洋洋得意、不知羞耻者，最终必将成为历史的笑柄。

十一、凡事不可过分

原　文

人有詈人而人不答者，人必有所容也。不可以为人之畏我而更求以辱之。为之不已，人或起而我应，恐口噤而不能出言矣。人有讼人而人不校者，人必有所处也。不可以为人之畏我而更求以攻之。为之不已，人或出而我辨，恐理亏而不能逃罪矣。

译　文

有的人受到他人辱骂而不予理会，这个人一定涵养高，可以容忍骂人的人。我们不能认为这个人是因为惧怕而不予理会，又进一步去侮辱他。如果总是这样做，人家就有可能奋起反击，到那时我们恐怕就会吓得说不出话来了。有人和别人争讼，而别人不计较，这是别人有自己的考虑。我们不要认为别人是因为畏惧而不计较，又进一步去攻击人家。攻击个没完没了，人家站出来和我们辩论，我们恐怕就会理亏而难辞其咎了。

解　析

世上往往有那么一种人，喜欢得寸进尺。侮慢了别人，别人不予理睬，他不理解这是人家对他的包容，反倒认为别人害怕他，变本加厉、嚣张跋扈。可是再有修养的人，容忍也是有限度的，你不知节制，难免要自讨苦吃。所以，贤明的人懂得做事要收敛，凡事不要做得太过分，无论是一个普通百姓，还是当权者都是这样。这就叫人贵有自知之明。

十二、凡事有备而无患

原　文

中产之家，凡事不可不早虑。有男而为之营生，教之生业，皆早虑也。至于养女，亦当早为储蓄衣衾妆奁之具，及至遣嫁，乃不费力。若置而不问，但称临时，此有何术？不过临时鬻田庐，及不恤女子之羞见人也。至于家有老人，而送终之具，不为素办，亦称临时。亦无他术，亦是临时鬻田庐，及不恤后事之不如仪也。今人有生一女而种杉万根者，待女长，则鬻杉以为嫁资，此其女必不至失时也。有于少壮之年置寿衣寿器寿茔者，此其人必不至三日五日，无衣无棺可敛，三年五年，无地可葬也。

译　文

一个小康之家，什么事都不能不提前打算。有男孩子的人家，要及早考虑他的工作问题，教给他怎样挣钱养家。有女孩子的人家也要及早为她准备衣物被服、梳妆用具，到她出嫁的时候，就不用再手忙脚乱了。如果这些事都不提前准备，一旦事到临头，只有临时抱佛脚，或是变卖房产田地，或者有损于儿女的脸面。如果家中有老人，平时不把寿衣棺材准备妥当，一旦老人突然去世，容易束手无策，也只好临时变卖田地，甚至来不及顾及后事合不合礼仪规范。现在有的人家，生下女儿就栽下一万棵杉树，等女儿长大，就卖掉杉树给女儿做嫁妆，这样，她的女儿就不会因为没有嫁妆而裸嫁了。有人在年轻力壮的时候，就置办下寿衣寿器还有坟地，这个人就不会死了三五天还没有寿衣棺材装殓，死了三五年还没有墓地安葬。

解 析

日常生活中无论做什么事，都应预测结果，谋划预案，早做准备，以防不测。这样才不至于事到临头而束手无策，陷入尴尬难堪的境地。这也是一种生活的智慧，叫作有备无患。

十三、受恩必报

原 文

今人受人恩惠，多不记省，而人所惠于人，虽微物亦历历在心。古人言："施人勿念，受施勿忘。"诚为难事。

译 文

现在的人，接受了别人的恩惠，大多不记在心里。但是如果有恩于别人，即使给了微不足道的东西，也清清楚楚地记在心里。古人说："不要总惦记你对他人的恩惠，不要忘掉他人对你的恩惠。"能做到这一点，确实是很不容易的事。

解 析

知恩图报是中华民族的传统美德，中国自古以来，流传下来许多报恩的佳话和美谈。俗语说："受人滴水之恩，当涌泉相报。"这是一种源自人性、发自内心的感激之情。不计施惠于人，不忘他人恩惠，是君子待人接物的一种境界，也是我们每个人应该崇尚追求的。反过来看，有的人给了他人一些恩惠，甚至从社会人伦关系上说，有时候是你责无旁贷、理应如此的，却仍沾沾自喜、念念不忘，记挂着别人的回报，这是种错误的心态，为君子所不齿。

十四、与人交易要公平

原　文

贫富无定势，田宅无定主，有钱则买，无钱则卖。买产之家，当知此理，不可苦害卖产之人。盖人之卖产，或以阙食，或以负债，或以疾病死亡，婚嫁争讼，已有百千之费，则鬻百千之产。若买产之家，即还其直，虽转手无留，且可以了其出产欲用之一事。而为富不仁之人，知其欲用之急，则阳距而阴钩之，以重扼其价。既成契，则姑还其直之什之一二，约以数日而尽偿。至数日而问焉，则辞以未办。又屡问之，或以数缗授之，或以米谷及他物，高估而补偿之。出产之家必大窘乏，所得零微，随即耗散，向之所拟以办某事者不复办矣。而往还取索，夫力之费又居其中。彼富者方自窃喜，以为善谋，不知天道好还，有及其身而获报者，有不在其身而在其子孙者。富家多不之悟，岂不迷哉？

译　文

贫富本来就不是恒定不变的，田地房产也是可以更换主人的。有钱就可以买，缺钱了就卖掉。买家应当明白这个道理，不要乘机压价逼迫那些因贫穷而卖财产的人。但凡人变卖家产，或者是因为缺吃少穿，或者是因为借债难还，也可能是家里有人生病去世、打官司等原因。通常是需要多少钱就卖多少财产，如果买主能够按财产的实际价值付钱，那么卖主即便是卖了家产，也还能物有所值，解决家里的用钱问题。可是，那些为富不仁之人，知道人家急用钱，表面拒绝购买，暗中却在谋划，想尽办法压价。等到签订合同之后，只给人家百分之十几二十的钱，其余的答应在几天之内付清。过了几天又推托来不及办。以后多次催促他，也只给你几千文钱来搪塞你，或者用米谷和其他东西折成高价来抵偿。这样一来，卖家产的人必然非常窘迫。卖家产所得到的那点钱微乎其微，很快就消耗没了，先前打算要办的事也泡汤了。因为卖家产还得付出一笔往返催款的费用。那个得了便宜的富人还在偷着乐，以为自己的谋略得逞。然而，他没想到，害人要遭报应，有的就报在本人身上，而有的报应在他的儿孙身上应验。可惜那些富人大多不懂得这个理，这难道不是执迷不悟吗？

解　析

买卖讲究公平合理、童叟无欺，这是君子的美德。取巧使诈是不道德的，更何况在别人遇到危难之际，不但不施以援手，反而乘人之危、巧取豪夺，这与强盗有何区别？因此，袁采说这种人也必然遭受报应，不会落得好结果。

第十二章

陆游的教子诗

纸上得来终觉浅，绝知此事要躬行。

——陆游

题 解

　　陆游（1125—1210），字务观，号放翁，南宋著名诗人。越州山阴（今浙江绍兴）人。一生著述丰富，有《剑南诗稿》《渭南文集》等数十种著作存世，存诗九千三百多首，是我国现有存诗最多的诗人。其中许多诗篇抒写了抗金杀敌的豪情和对卖国息战的憎恨，风格雄奇奔放，沉郁悲壮，有"小李白"之称。陆游对子女家教严格，有教子诗、家训、家书存世，本书选取三首最有代表性的教子诗介绍给读者。

一、冬夜读书示子聿

原 诗

　　古人学问无遗力，少壮工夫老始成。

　　纸上得来终觉浅，绝知此事要躬行。

译 诗

　　古人在学习上不遗余力，年轻就用功到老才有所实现。

　　书本上得来的知识毕竟有限，要精通学问还必须亲自实践。

解 析

　　这是一首教子诗，诗人在前两句诗中，说的是学习的努力和坚持。后两句是强调在书本知识与实践应用的关系上，实践更重要。只有通过"躬行"，把书本知识变成实际能力，知识才能发挥作用。陆游通过这首小诗对儿子子聿谆谆教诲，告诉儿子做学问不仅要孜孜以求、持之以恒，更要亲身实践，只有知行合一才是真正有学问。

二、示子遹

原　诗

我初学诗日，但欲工藻绘。

中年始少悟，渐若窥宏大。

怪奇亦间出，如石漱湍濑。

数仞李杜墙，常恨欠领会。

元白才倚门，温李真自郐。

正令笔扛鼎，亦未造三昧。

诗为六艺一，岂用资狡狯。

汝果欲学诗，工夫在诗外。

译　诗

我开始学习写诗的时候，不遗余力地堆砌华丽辞藻。

人到中年略有开窍，开始追求开阔的意境。

怪词奇句也是常有出现，就像激流冲刷着巨石。

李白杜甫的诗境如高墙壁立，时常懊恼自己无法领悟。

元稹白居易尚未登堂入室，温庭筠李商隐还不值得提。

即使有了高深的笔力，也未必能彻悟其中旨意。

能诗只是掌握了六艺之一，怎能用它来做文字游戏。

你如果真的想要学习诗歌，功夫要下在诗以外的地方。

解　析

陆游的这首《示子遹》，写于84岁高龄，可以说是集一生创作之经验，重在训导儿子，想要作诗、懂诗，关键还在于见多识广、思想敏锐、感悟丰厚。所谓"在诗外"就是在人生中、在生活中，只有投入生活、体验人生，才能作出来好诗。

三、示儿

原 诗

死去元知万事空，但悲不见九州同。

王师北定中原日，家祭无忘告乃翁。

译 诗

明知人死去就万事空虚，心感悲伤不能目睹国家统一。

当宋军有一天收复中原失地，举行家祭时别忘了告诉我这大好消息！

解 析

此诗是陆游爱国诗中的名篇。作者一生致力于抗金，一直希望能收复中原。虽然挫折不断，却仍然初衷不改。诗题是《示儿》，相当于遗嘱。浓烈的家国情怀跃然纸上，成为千百年来诗书传家的爱国教子经典。

第十三章

朱柏庐 《朱子治家格言》

居身务期质朴，教子要有义方。

——朱用纯

《朱子治家格言》又称《朱子家训》，为清代学者朱用纯所著。朱用纯（1617—1688），字致一，自号柏庐，江苏昆山人。自幼致力读书，志向高远。清朝建立后，他不再求取功名，在家乡教授学生，研习程朱理学，主张知行并进，一时颇负盛名。康熙曾多次征召，都为朱用纯所拒绝。著有《删补易经蒙引》《四书讲义》《劝言》《耻耕堂诗文集》和《愧纳集》。《朱子家训》通篇意在劝人勤俭持家、安分守己。以名言警句的形式叙述出来，便于口头传训，也可以写成对联条幅挂在厅堂和居室，作为治家教子的座右铭。因此，很为官宦士绅和书香门第所喜闻乐道。《朱子家训》自问世以来，流传甚广，被历代士大夫尊为"治家之经"，清至民国年间成为童蒙必读。当然，其中有一些封建社会的陈腐观念：如对女性的偏见、迷信报应、自得守旧等是那个时代的历史局限，我们不必苛求。

　　原文：黎明即起，洒扫庭除，要内外整洁；既昏便息，关锁门户，必亲自检点。

　　译文：每天黎明就要起床，用水来洒湿厅堂内外的地面，然后扫地，使厅堂内外整洁；到了黄昏准备休息要亲自查看关门上锁。

　　原文：一粥一饭，当思来处不易；半丝半缕，恒念物力维艰。

　　译文：对于一碗粥或一碗饭，我们应当想着来之不易；对于衣服的半根丝或半条线，我们也要常念着这些东西取之艰难。

　　原文：宜未雨而绸缪，勿临渴而掘井。

　　译文：凡事先要准备，没下雨的时候，要先把房子修补好；不要等口渴的时候才来掘井，就来不及了。

原文：自奉必须俭约，宴客切勿流连。

译文：靠双手生活必须节约，聚会吃饭切勿流连忘返。

原文：器具质而洁，瓦缶胜金玉；饮食约而精，园蔬愈珍馐。

译文：餐具质朴而干净，就是用泥土做的瓦罐，也比金玉制的好；食品简单而精美，虽是园里种的蔬菜，也胜于山珍海味。

原文：勿营华屋，勿谋良田。

译文：不要营造华丽的房屋，不要贪图美好的田园。

原文：祖宗虽远，祭祀不可不诚；子孙虽愚，经书不可不读。

译文：祖宗虽然离开我们很多年了，祭祀却要虔诚；子孙虽然愚笨，五经、四书，却要诵读。

原文：居身务期质朴，教子要有义方。

译文：居家生活追求节俭，教育子孙要用正道。

原文：勿贪意外之财，莫饮过量之酒。

译文：不要贪不属于你的财，不要喝过量的酒。

原文：与肩挑贸易，毋占便宜；见贫苦亲邻，须加温恤。

译文：和小商小贩做买卖，不要占他们的便宜；看到穷苦的亲戚或邻居，一定要施以援手。

原文：刻薄成家，理无久享；伦常乖舛，立见消亡。

译文：对人刻薄而发家的，天理难容；行事违背伦常的人，即刻消亡。

原文：兄弟叔侄，须分多润寡；长幼内外，宜法肃辞严。

译文：兄弟叔侄之间要互相帮助，富有的要资助贫穷的；一个家庭要有严正的规矩，长辈对晚辈言辞应庄重。

原文：听妇言，乖骨肉，岂是丈夫？重资财，薄父母，不成人子。

译文：听信妇人挑拨，而伤了骨肉之情，怎称得上大丈夫？看重钱财，薄待父母，不配为人子女。

原文：嫁女择佳婿，毋索重聘；娶媳求淑女，勿计厚奁。

译文：嫁女儿，要选择贤良的夫婿，不要索取贵重的聘礼；娶媳妇，应寻求贤淑的女子，不要贪图丰厚的嫁妆。

原文：见富贵而生谄容者最可耻，遇贫穷而作骄态者贱莫甚。

译文：看到富贵的人，满脸巴结讨好，最是可耻；遇着贫穷的人，一副骄横傲慢，很是鄙贱。

原文：居家戒争讼，讼则终凶；处世戒多言，言多必失。

译文：居家过日子，禁止争斗诉讼，一旦争斗诉讼，无论胜败都不吉祥；处世不可多说话，言多必失。

原文：勿恃势力而凌逼孤寡，毋贪口腹而恣杀生禽。

译文：不可用势力来欺凌压迫孤儿寡妇，不要贪口腹之欲而任意地宰杀牛羊鸡鸭。

原文：乖僻自是，悔误必多；颓惰自甘，家道难成。

译文：性格古怪，自以为是的人，必然会因为常常做错事而懊悔不迭；颓废懒惰、沉溺不悟的人，是很难家业兴盛的。

原文：狎昵恶少，久必受其累；屈志老成，急则可相依。

译文：亲近不良少年，日子久了，必然会受牵累；恭敬自谦地与那些阅历丰富又善于处事的人交往，遇到急难的时候，就可以受到他帮助。

原文：轻听发言，安知非人之谮诉？当忍耐三思；因事相争，焉知非我之不是？需平心暗想。

译文：他人说长道短，不可轻信。因为不知道他是不是来说人坏话的？因事相争，要冷静反省自己，因为怎知道不是我的过错？

原文：施惠无念，受恩莫忘。

译文：给了他人恩惠，不要记在心里；受了他人的恩惠，一定要常记在心。

原文：凡事当留余地，得意不宜再往。

译文：无论做什么事，都应该留有余地；得意以后，就要知足，及时止步。

原文：人有喜庆，不可生嫉妒心；人有祸患，不可生喜幸心。

译文：人家有喜庆之事，不可以心生嫉妒；人家遭遇灾祸，不可以心中窃喜、幸灾乐祸。

原文：善欲人见，不是真善；恶恐人知，便是大恶。

译文：做了好事，而想让他人看见，就不是真正的善人。做了坏事，而怕他人知道，就是真的恶人。

原文：见色而起淫心，报在妻女；匿怨而用暗箭，祸延子孙。

译文：看到美貌的女性而起邪心的，将来会报应在自己的妻子儿女身上；怀怨在心而暗中伤害人的，将会给自己的子孙留下祸根。

原文：家门和顺，虽饔飧不继，亦有余欢；国课早完，即囊橐无余，自得至乐。

译文：家里和气平安，虽缺衣少食，也觉得快乐；尽快缴完赋税，即使口袋所剩无余也自得其乐。

原文：读书志在圣贤，非徒科第；为官心存君国，岂计身家？

译文：读圣贤书，目的在学习圣贤，不只为了科举及第；做一个官吏，要有忠君爱国的思想，怎么能只考虑自己和家人？

原文：守分安命，顺时听天。

译文：守住本分、安享时运；顺应发展，听天由命。

原文：为人若此，庶乎近焉。

译文：做人能够和圣贤志同道合，那就很好了。

题　解

《朱子治家格言》是我国古代流传甚广、影响很大的家教名篇。全文仅五百多字，通俗易懂、贴近生活，以警句、箴言的形式阐述了许多为人处世、修身治家的道理。像勤俭持家、公平厚道、诚实待人、与人为善、摒弃浮华等见解，以及反对见利忘义、谄媚富贵等观点至今仍有积极意义。其中许多理念与传统美德一脉相承，也与我们今天的社会主义价值观不谋而合。因此，至今仍成为许多家庭启蒙儿童、训导后辈的通用教材。

第十四章

《康熙庭训》

人心虚则所学进，盈则所学退。

——爱新觉罗·玄烨

康熙皇帝是清朝第四位、清军入关后第二位皇帝，康熙是清圣祖爱新觉罗·玄烨的年号。康，安宁；熙，兴盛，取万民康宁、天下兴盛的意思。康熙自一六六二年登基至一七二二年去世，共在位六十一年，是中国历史上当政时间最长的皇帝。期间发生的重大事件有三藩之乱、雅克萨之战、多伦会盟、准噶尔之战、统一台湾等。

康熙平时在宫中经常给皇子皇孙以教诲，雍正即位后对康熙的家训加以追述，并整理汇编成《庭训格言》，共二百四十六则。《康熙庭训》中涉及的内容十分广泛，或君子美德，或子孙教诲，或人生经验，或御人之术。总之修身、齐家、治国、平天下无所不包，康熙善于现身说法，许多史实，都是亲身经历，很有说服力。本书根据内容需要选取二十三段，其中部分段落有所删节。

一、善喜善念　去恶去凶

训曰：凡人处世，惟当常寻欢喜，欢喜处自有一番吉祥景象。盖喜则动善念，怒则动恶念。是故古语云："人生一善念，善虽未为而吉神已随之；人生一恶念，恶虽未为而凶神已随之。"

人活在世上，理应不断寻求喜悦欢乐，喜悦欢乐当然是一种非常吉祥的境界。心中充满喜悦欢乐，就会滋生善良的念头；心中充满愤怒，就会滋生恶毒的念头。所以，有句古话说："人只要滋生一个善念，即使还没有去付诸实施，吉祥的神灵已然陪伴着他了；如果他滋生了一个恶毒的想法，即使还没有去作恶，凶神已经随他而来了。"

解　析

与人为善还是与人为恶，不仅影响人们的心灵，也影响着人们的行为。"人有善念，天必佑之，福禄随之，众神卫之，众邪远之，众人成之"，反之也是会弄得天怒人怨。其实，人的道德理念之树，根植于人性的土壤之中，生长于后天的境遇和教育中，善与恶不是自然形成的。营造喜悦安详的社会氛围，开展怀善念、行善事的教育非常重要。

二、诚而有信　不欺暗室

原　文

训曰：《大学》《中庸》俱以慎独为训，是为圣第一要节。后人广其说，曰："不欺暗室。"所谓暗室有二义焉：一在私居独处之时，一在心曲隐微之地。夫私居独处，则人不及见；心曲隐微，则人不及知。惟君子谓此时，指视必严也，战战栗栗，兢兢业业，不动而敬，不言而信，斯诚不愧于屋漏，而为正人也夫！

译　文

《大学》《中庸》都把一人独处时也能谨慎不苟作为训诫，这是历代圣贤最重要的节操。后人把这种节操引申开来，解释为"不欺暗室"，也就是在别人见不到的地方，也不做见不得人的事。所谓暗室有两层含义：一是指在一个人独处的时候；一是指人内心隐秘之处。当一个人独处时，别人就看不到他的言行举止和内心隐秘之处，也就很难了解和看清楚一个人。只有那些有德行的君子认识到，只有在这种时候，尤其要严格检点自己的言行和思想，恭敬而谨慎，时刻告诫自己，不僭越规矩和礼法；即使任何事都不做，也要保持恭敬的状态；即使什么也不说，也必须保持真诚的心理；这才真正是不欺暗室的正人君子！

解 析

康熙在庭训中讲"慎独"，是对历代贤哲精神境界的褒奖，既是自己的"心向往之"，又是对子孙修身的期望。慎独，就是在没有别人在场和监督的时候，不仅能够严格要求自己，不做违背道德的事，更要在内心深处对"不做违背道德的事"充满着真诚和笃信，不能表里不一。南宋陆九渊说："慎独即不自欺。"说得是"慎独"主要是面对自己，是自己内心中善与恶的无形搏斗。老子言："胜人者有力，自胜者强。"能自胜，才称得上强大；内心强大，才是真正的强大。

三、有事无事　防患未然

原 文

训曰：凡人于无事之时，常如有事而防范其未然，则自然事不生。若有事之时，却如无事，以定其虑，则其事亦自然消失矣。古人云："心欲小而胆欲大。"遇事当如此处之。

译 文

当人们在没有遇到事情的时候，就应该具有这种事情很有可能发生的精神准备，时刻注意防范可能发生的问题，这样就不会有任何意外的事情发生。如果人们在发生事情的时候，能够料事如前、泰然自若，就像没有事情发生一样，那么已经发生的事情也自然会像没有发生一样。古人说："心态上要小心谨慎才好，处理事情要大胆泼辣才行。"遇到事情都应该如此对待。

解析

苏辙说过："无事则深忧，有事则不惧。"这是告诉人们：事情没有发生时能深忧远虑，当事情发生时才能毫不畏惧。自古以来凡是有先见之明的人，都有一颗"防患"之心。所以越是遇到大事，越能沉着应对。料事才能谋定，谋定才能镇定，镇定才能成事。

四、饮食起居　慎节却病

原文

训曰：节饮食，慎起居，实却病之良方。

译文

节制饮食，小心起居，实在是消除病痛的良方。

解析

康熙的这段庭训是要告诉子孙，应该从生活上严格自律，想表达的深层意思还是告诫子孙们不能放纵恣意。康熙知道，皇室子弟有各种恩宠加身，很容易任意妄为，所以应从正面教诲引导。他在庭训的其他地方还说，要"起居有常"，不可"贪睡""贪食"，更不可"沉湎于酒席中"，唯"起居时，饮食节，寒暑适，则身利而寿命益"，都是一个道理。

五、自任其过 尚德之行

原 文

训曰：凡人孰能无过？但人有过，多不自任为过。朕则不然。于闲言中偶有遗忘而误怪他人者，必自任其过，而曰："此朕之误也。"惟其如此，使令人等竟至为所感动而自觉不安者有之。大凡能自任过者，大人居多也。

译 文

凡是人，谁能不犯错误？只是人们犯了错误，大多不愿承担或承认自己所犯的错误。我就不这样。平常和人闲谈偶然也有因为自己没记清楚而错怪他人的事情发生，我一定会主动认错，并且坦白说："这是我的过错啊！"正因为这样，竟让别人被我的坦诚所感动而觉得不好意思起来。大抵能够自己认错并能主动承担责任的人，多为德行高尚的人。

解 析

康熙以自己的人生经验为例告诉子孙，发现自己的错误并不难，但能够坦诚地面对它、勇敢地改正它，却不是每个人都能做到的。作为皇帝，这种坦诚和勇气令人钦佩。犯了错误并不可怕，可怕的是知道自己犯了错误还死要面子自欺欺人，这是一种胆怯、缺乏修养的表现。如果再知错不改，继续任性，那就是无耻，离毁灭就不远了。

六、谨言慎行　免除后患

原 文

训曰：凡人于事务之来，无论大小，必审之又审，方无遗虑。

译 文

任何一个人，面对任何事情，无论事大事小，一定要十分谨慎，仔细地观察和思考，这样才不会留下遗憾。

解 析

关于"谨言慎行、免除后患"，作为一国之君的康熙是有深切体会的，他把自己的心得传授给子孙，是希望他们既能有思虑大事的心计，又能有捕捉细节的素质，以便成就一代明君。《管子》曾说："其所谨者小，则其所立亦小；其所谨者大，则其所立亦大。"意思是说：谨小慎微是成不了大事的，而成大事的人必须要格外谨慎。所以，谨言慎行是做大事者不可缺少的素质。

七、恒劳知逸　以劳为福

原 文

训曰：世人皆好逸而恶劳，朕心则谓人恒劳而知逸。若安于逸则不惟不知逸，而遇劳即不能堪矣。故《易》有云："天行健，君子以自强不息。"由是观之，圣人以劳为福，以逸为祸矣。

世上的人都喜好安逸而厌恶辛劳，我心里则觉得，一个人总是辛劳，才能感受到真正的安逸。如果他一味追求安逸而不知辛劳，那他就不会懂得什么是真正的安逸，因此一碰上辛劳的事情就觉得不堪忍受。《易经》上说："天道运行昼夜不停息地发展，君子应当效法天道，自强不息。"从这一点上看，圣人是把辛劳看作福分，把贪图安逸看作导致灾祸的原因。

　　孟子说过："生于忧患，死于安乐。"一般人在顺境当中，都会不知不觉地放松进取之心，谁也不愿自讨苦吃，最后在越来越宽松的懈怠中垮掉，历史上这样的例子数不胜数。相反，吃苦则会磨炼人的毅力，启迪人的智慧，激发人的进取精神。所以吃苦是福，是使人进步的动力和阶梯。

八、不以自知　弃人之善

　　训曰：人心虚则所学进，盈则所学退。朕生性好问。虽极粗鄙之人，彼亦有中理之言。朕于此等处决不遗弃，必搜其源而切记之，并不以为自知自能而弃人之善也。

　　人如果心怀谦虚，学识就精进；如果心怀自满，学识就退步。我生来就喜欢询问，即使是非常粗俗卑贱的人，他也会说出切中事理的话来。我对这些切中事理的话，绝不会左耳朵进、右耳朵出，一定是找到这些话的缘由并牢牢记住，并不认为自己知道得多、能力大而对别人的优点视而不见。

解析

康熙喜欢以身说法，这段庭训也是这样。目的是训导子孙要虚怀若谷，不能因为自己在某些方面懂得多、有能力，就鄙视别人，在康熙的人生经验中，"虽极粗鄙之人，彼亦有中理之言"。所以，决不要"以为自知自能而弃人之善也"。

九、知书明理　贵在贯通

原 文

训曰：读书以明理为要。理既明则中心有主，而是非邪正自判矣。遇有疑难事，但据理直行，则失俱无可愧。《书》云："学于古训乃有获。"凡圣贤经书，一言一事俱有至理，读书时便宜留心体会，此可以为我法，此可以为我戒。久久贯通，则事至物来，随感即应，而不特思索矣。

译 文

读书最重要的是明白事理，事理明白了心中就会有主见，于是，对是非曲直自有判断。遇到疑难的事情，只要根据自己明白的道理去解决，就是出现失误，也没有什么可后悔的。《尚书》里说："学习古训必有收获"，所有的圣贤经书，记录的每一句话、每一件事都是至理名言，读书学习的时候就应该用心去体会，这就是我明事理的方法，也是我祛除愚昧的途径。久而久之，触类旁通，无论遇到什么情况都能随心应对，用不着再前思后想。

解析

这段庭训阐明两个道理：一是读书的关键在于明理，明理才会有主见，有主见才能判断是非曲直、妥善处理复杂的事情。二是书读得多了，贵在触类旁通，从一个道理明白许多其他的道理，遇事自然可以随心应对。以上两点，都和读书有关，又都不是仅靠书本去解决问题。书是死的，人是活的，康熙的训示发人深省。

十、秉持善心　谓之真孝

原文

训曰：凡人尽孝道，欲得父母之欢心者，不在衣食之奉养也。惟持善心，行合道理以慰父母而得其欢心，其可谓真孝者矣。

译文

人们孝敬父母，想要博得父母的欢心，重要的不光在于衣物食品的供给和日常的伺候。更重要的是要秉持善心，按照孝顺的礼节来宽慰父母，让他们心情舒畅，以此来博得老人欢心的做法，才称得上是真正的孝顺。

解析

"孝"与"顺"时常是放在一起使用的，一般来说："孝"指努力奉养父母；"顺"指遵从父母意志，孝顺二字涵盖了肉体与精神，兼顾了生存与生活，尤其是心灵的需求。康熙在这段庭训中，对"孝"字作了精辟的阐释。在他看来，一般人所做的"衣食之奉养"，还不够深切，更多的还局限在物质层面，还需要升华到精神层面、心灵层面、人性层面，这样才能让父母心情舒畅，感受到人生的乐趣，这才是真正的孝。

十一、敬畏之心　不可不存

原文

训曰：人生于世，无论老少，虽一时一刻不可不存敬畏之心。故孔子曰："君子畏天命，畏大人，畏圣人之言。"我等平日凡事能敬畏于长上，则不罪于朋侪，则不召过，且于养身亦大有益。尝见高年有寿者，平日俱极敬慎，即于饮食，亦不敢过度。平日居处尚且如是，遇事可知其慎重也。

译文

人活在这个世界上，无论年老年少，每时每刻都不能不怀有恭敬和畏惧的心理。所以孔夫子说："君子敬畏天命，敬畏贤哲，敬畏圣人说过的话。"我们这些人平常遇到事情，都能够顺从或听命于长辈，不得罪亲朋好友，就不会招引来过失，这样做对修养身心大有好处。我曾经遇见过年长高寿的人，在生活中非常恭敬谨慎，生活饮食都是见好就收，不敢过分。平日里衣食住行都样样恭敬谨慎，真要遇到事情，可想而知那些人会多么慎重小心。

解析

自古以来，恭敬谨慎就是君子的修身养性之道。只有这样才不会在为人处世中得罪朋友、招引过失、埋下祸患。引申到生活的起居饮食，也能延年益寿。所以待人接物一定要恭敬谨慎。

十二、俭约不贪　福寿长全

原　文

训曰：民生本务在勤，勤则不匮。至于人生衣食财禄，皆有定数。若俭约不贪，则可以养福，亦可以致寿。若夫为官者，俭则可以养廉。居官居乡只廉不俭，宅舍欲美，妻妾欲奉，仆隶欲多，交游欲广，不贪何以给之？与其寡廉，孰如寡欲？语云："俭以成廉，侈以成贪。"此乃理之必然矣！

译　文

人生在世，就应当勤奋，只有勤奋了才能过上富裕的日子。要说人这一辈子，穿什么衣服，吃多少粮食，发多大财，当多大官，老天爷都早有定数。如果你吃用都简单并不贪心，就可以滋养你的福分，也会延年益寿。如果入仕当了官，生活俭朴就可以培养你的清廉。当官在任还是闲居乡下，要是只清廉而不俭朴，住房追求豪华美观，妻妾成群伺候周全，奴仆恨不得多多益善，游山玩水越逛越远，不贪怎么能办得到？如果想要降低清廉的标准，莫不如减少人的欲望来得更直接。俗话说："俭朴可以培育清廉，奢侈可以铸成贪腐。"这道理千真万确。

解　析

"俭以成廉，侈以成贪"，这已经是一般人都明白的道理，而"与其寡廉，孰如寡欲"却不是一般人都能深入理解的。所以，康熙在这段庭训中，着重分析了勤俭、清廉、贪腐、欲望之间的关系，告诉子孙要戒贪必先寡欲，要寡欲必修勤俭。眼光之敏锐，洞察之深邃，非一般人所能至。

十三、雷雨之际　勿躲树下

原　文

训曰：大雨雷霆之际，决毋立于大树下。昔老年人时时告诫，朕亲眼常见，汝等切记！

译　文

大雨将至、雷霆大作的时候，千万不要站在大树的下面。过去老年人总是这样叮嘱，我也不止一次地见到过雷劈死人的事情，子孙们，一定要记住！

解　析

亚圣孟子说：君子不立于危墙之下。其中揭示了君子的两个品格：一是君子要有防患于未然的素质，不让自己身处险境；二是君子要有明察秋毫的眼力，发现有危险，立即离开。康熙告诫子孙的这则庭训，寓理于事，深入浅出，可谓心思细密、情意深长。

十四、取笑他人　必然自招

原　文

训曰：大凡残疾之人不可取笑，即如跌蹼之人亦不可哂。盖残疾人见之宜生怜悯。或有无知之辈见残疾者每取笑之。其人非自招斯疾，即招及子孙。即如哂人跌蹼不旋踵，间或即失足，是故我朝先辈老人常言勿轻取笑于人，"取笑必然自招"，正谓此也。

译文

要是遇见有残疾的人千万不能取笑他，就像见到别人不幸摔倒了，你不能在旁边嬉笑一样。凡是看见残疾人应该心生怜悯。经常能看见一些缺乏良知的人，总是拿残疾人开玩笑，这种人就是在找病招灾呢，他没灾病也会祸及子孙。就像取笑别人不幸跌到的人，没来得及转身，转瞬就摔了个四脚朝天。所以朝中老辈人经常告诫：不要随便取笑别人，常言道"取笑别人必然自取其辱"，说的就是这种情况。

解析

常言道：笑话人，不如人。是说做人不能随便取笑别人，尤其是已经遭遇不幸的人。像残疾人、不小心跌倒的人，等等。取笑不幸的人，是缺乏教养、丧失怜悯之心的人，所以一定要听老人忠告"取笑必然自招"。

十五、天地好生　无故不杀

原文

训曰：饮食之制，义取诸鼎，圣人颐养之道也。是故古者大烹，为祭祀则用之，为宾客则用之，为养老则用之，岂以恣口腹为哉？《礼·王制》曰："诸侯无故不杀牛，大夫无故不杀羊，士无故不杀犬豕，庶人无故不食珍。"《论语》曰："子钓而不网，弋不射宿。"古之圣贤其于牺牲禽鱼之类，取之也以时，用之也以节。是故朕之万寿与夫年节有备宴恭进者，即谕令少杀牲。正以天地好生，万物各具性情而乐其天，人不得以口腹之甘而肆情烹脔也。

译 文

古代人按照饮食的规制，使用适合自己身份的鼎煮食物，是圣人的养生之道。所以，古人煮肉，或是为了祭祀祖先，或是为了宴请宾客，抑或是为了供奉老人，哪有仅仅是为了满足自己的口腹之欲的？《礼记·王制》篇中说："诸侯没有特殊需求不杀牛，大夫没有特殊需求不杀羊，士没有特殊需求不杀狗和猪，老百姓没有特殊需求不杀食家畜、家禽。"《论语》里说："孔夫子只用鱼钩钓鱼而不用网打鱼，用箭射鸟也从来不射在树上已经栖息的鸟。"古代圣人用于饮食的牲畜和禽鱼之类，不能宰杀怀孕、哺乳期的动物，即使宰杀也要控制数量。所以，我为做寿或过年过节准备宴席时，有人来上贡，我就下诏命令他们少杀牲畜，正好以此满足老天爷爱护生灵的意愿。世上万物在老天爷的眷顾下，各有各的性情，各有各的乐趣，人类不能因为自己的口腹之欲而大肆杀戮、纵情烹煮动物。

解 析

爱护动物，不乱杀生，不仅是人的一种美德，也是人类文明不断进步的标志。古代圣贤和明智的帝王都能认识到这一点，康熙用不乱杀生来训诫皇室后辈，也是在忠告子孙后代爱护动物、不乱杀生也是为了我们人类自己。

十六、纤细之伪　日久自败

原 文

训曰：凡事暂时易，久则难，故凡人有说奇异事者，朕则曰："且待日久再看。"朕自八岁登极，理万机五十余年，何事未经？虚诈之徒一时所行之事，日后丑态毕露者甚多。此等纤细之伪，朕亦不即宣出，日久令自败露。一时之诈，实无益也。

　　所有的事情，维持很短暂的时间比较容易，维持长久的时间就很难，所以凡是遇见告诉我奇人异事的，我总是说："别着急，看看再说吧。"我从八岁当皇帝，日理万机五十多年，什么事没经历过？忽悠人的小伎俩一时没露破绽，时间一长，丑恶嘴脸暴露无遗的情况比比皆是。此等小伎，我一看便知，只是不马上拆穿他罢了，日子一长，让他自己败露也好。所以说：靠一时忽悠人的小伎俩，毫无价值。

　　待人接物，不能靠忽悠，更不能道貌岸然。因为所有虚假的东西，都经不住时间的考验。康熙在位半个多世纪，见多识广，自然难以被蒙骗，而我们普通人免不了一时上当。如何是好？康熙说了："且待日久再看。"笔者不妨再加一句：不光要听其言，更要观其行。

十七、人赖谷育　尤当珍爱

　　训曰：古之圣人，平水土，教稼穑，辨其所宜，导民耕种而五谷成熟。孟子曰："五谷熟而民人育。"则人之赖于五谷者甚重。尝思夫天地之生成，农民之力作，风雷雨露之长养，耕耘收获之勤劳，五谷之熟，岂易易耶？《礼·月令》曰："天子以元日祈谷于上帝。"凡为民生料食计者至切矣，而人何得而轻亵之乎！奈何世之人惟知贵金玉而不知重五谷，或狼藉于场圃，或委弃于道路，甚至有污秽于粪土者，轻亵如此，岂所以敬天乎？夫歉岁谷少，固当珍重；而稔岁谷多，尤当爱惜。《诗》曰："立我烝民，莫匪尔极。贻我来牟，帝命率育。"噫嘻重哉！

译 文

古时候的圣人，平整土地、引水浇灌，教老百姓种植庄稼。依据土地和气候条件来引导百姓耕种，好不容易五谷才成熟。孟子说："五谷成熟，百姓得到养育。"所以说，人完全靠收获五谷而生存。我曾经想，天地的孕育生成，农民的努力耕作，大自然风雷雨雪的滋养，老百姓春种秋收的辛劳，才使得五谷成熟，这哪里是容易的事情啊！《礼记·月令》里说："天子在每年正月初一要向上苍祈求五谷丰登。"为老百姓的生存而谋划，可谓情真意切，人们得到了粮食又怎么能轻视它呢！可是世人只知道金钱宝玉的贵重，而轻视五谷的价值，有的把粮食胡乱抛撒在谷场上，有的丢弃在道路上，甚至有的把粮食扔在粪坑里，轻视怠慢到这种地步，怎么对老天爷交代呢？歉收的年头粮食紧张，理当珍贵重视；丰收的年头粮食富裕，更应当爱惜。《诗经》里说："供养百姓，莫大恩情。赠我粮食，天育子民。"哎呀，多么有分量的诗句啊！

解 析

珍惜粮食是种美德，但对于锦衣玉食的皇家子弟来说，似乎很难会引起重视。对此，康熙循循善诱，先述说耕种粮食的艰辛，再阐发"天子以元日祈谷于上帝"的诚意，接下来又表达对糟蹋粮食行为的厌恶，最后以《诗经·周颂》里的诗句结束训导。作为农业大国的一代帝王，能够了解粮食的来之不易，体恤耕种的辛苦，厌恶糟蹋粮食的行为，亲自训导子孙后辈珍惜粮食，康熙是值得敬佩的。

十八、嘉纳良言　闻过则改

原　文

训曰：今天下承平，朕犹时刻不倦勤修政事。前三孽作乱时，因朕主见专诚，以致成功。惟大兵永兴被困之际，至信息不通，朕心忧之，现于词色。一日，议政王大臣入内议军旅事，奏毕金出，有都统毕立克图独留，向朕云："臣观陛下近日天颜稍有忧色。上试思之，我朝满洲兵将若五百人合队，谁能抵敌？不日永兴之师捷音必至。陛下独不观太祖、太宗乎？为军旅之事，臣未见眉颦一次。皇上若如此，则懦怯不及祖宗矣。何必以此为忧也。"朕甚是之。不日，永兴捷音果至。所以，朕从不敢轻量人，谓其无知。凡人各有识见。常与诸大臣言，但有所知、所见，即以奏闻，言合乎理，朕即嘉纳。都统毕立克图汉仗好，且极其诚实人也。

译　文

如今天下安定太平，但我却仍然每时每刻不知疲倦地勤奋工作、处理政事。以前，吴三桂、尚可喜、耿精忠发动"三藩"叛乱时，因为我主意见解坚定，所以才能成功地平定叛乱。只是在大军永兴被围的时候，连消息也不通了，我内心忧虑，难免在言语和表情中表露出来。

一天，众大臣进宫商议战事，他们进奏完毕都退下了，只有都统毕立克图单独留下，他对我说："为臣观察陛下近日的脸色，多少有些忧虑之情。皇上您想一想，我大清八旗官兵，如果集结五百人，编成队形，冲锋陷阵，谁又能抵挡得住他们呢？过几天，永兴方面的我军必定会传来胜利的喜讯。难道陛下您还不了解当年太祖、太宗他们用兵的过程吗？为臣从没有见过他们皱一次眉头。皇上您如果这样怯懦心虚，就赶不上祖宗了！您大可不必为这样的情况而忧虑。"我很以为他的话是对的。过了不几天，捷报果然传来。所以，我从来不敢轻视别人、说人家无知。因为，每个人都有自己的见识。我经常和各位大臣说，你们但凡知道什么、见到什么，都可以进奏，让我知晓；对于合理的见解，我会赞许并采纳。都统毕立克图，体貌魁梧，面目俊好，而且是一个十分诚实的人。

解　析

康熙的这一段训导告诉后人两个道理：一是每个人的认知都有局限，每个人也都有自己独到的体验和见识。因此，学会聆听和接受，就相当于在借别人的眼睛观察世界，借别人的体验去认知世界。你可以从中更全面地了解你所未知的世界、去增长你的见识。这就叫"兼听则明"。

二是通过聆听和接受别人的见闻和见识，你才能知道自己的不足，从而取长补短，不断提高。这就叫"从善如流"。孔夫子说："三人行，必有我师焉。择其善者而从之，其不善者而改之。"说的就是这个道理。

十九、法令之行　惟身先之

原　文

训曰：如朕为人上者，欲法令之行，惟身先之，而人自从。即如吃烟一节，虽不甚关系，然火烛之起多由此，故朕时时禁止。然朕非不会吃烟，幼时在养母家，颇善于吃烟。今禁人而己用之，将何以服之？因而永不用也。

我身为皇帝，要顺利推行法规，让大家都能够遵纪守法，只有自己率先垂范，别人才会跟着去做。譬如吸烟这件事，虽然算不上是国家大事，然而火灾却经常由它引起。所以，我时常下令禁止吸烟。其实，我并不是不会吸烟，小时候在养母家里，我也很会吸烟。现在我下令禁止别人吸烟而我自己却还吸烟，怎么能够让别人信服？因此，为了让别人执行禁烟令，我就坚持永不吸烟。

解 析

法规是大家都必须遵守的，只有制定者自己率先垂范、以身作则，大家才会共同遵守，法规也才能深入人心、推而广之。康熙深谙这个道理，所以下令禁止吸烟，自己先身体力行，带头戒烟。"今禁人而己用之，将何以服之"，说得在理！

二十、见人得失 如己得失

原 文

训曰：凡人持身处世，惟当以恕存心。见人有得意事，便当生欢喜心；见人有失意事，便当生怜悯心。此皆自己实受用处。若夫忌人之成，乐人之败，何与人事？徒自坏心术耳。古语云："见人之得，如己之得；见人之失，如己之失。"如是存心，天必佑之。

译 文

一个人立身处世，应有宽容之心。看见别人有得意的事情，就应该为他高兴；看见别人有失意的事情，就应该对他心生怜悯。其实，这种心态对自己也很有好处。如果一个人对别人的成功只是一味嫉妒，对别人的失败总是幸灾乐祸，那怎么能和别人一起共事呢？只是徒有一副损人不利己的坏心思罢了。古人说过："看到别人有所得，就如同自己有所得；看到别人有所失，就如同自己有所失。"存有这种心思的人，上天一定会保佑他。

解析

怜悯同情之心，是一种良知。将心比心，比的是良心。本篇从处世待人的态度着眼，进而揭示出一个人的修德和为人。与人相处，要讲恕道。凡事多设身处地为他人着想，这样的人，必有好报。这样做事，必有人帮。

二十一、慎重持敬　谨终如始

原文

训曰：凡天下事不可轻忽，虽至微至易者，皆当以慎重处之。慎重者，敬也。当无事时，敬以自持；而有事时，即敬之以应事物；必谨终如始，慎修思永，习而安焉，自无废事。盖敬以存心，则心体湛然。居中，即如主人在家，自能整饬家务，此古人所谓敬以直内也。《礼记》篇首以"毋不敬"冠之，圣人一言，至理备焉。

译文

对于天下发生的任何事情，都不能不当回事、掉以轻心，即便是最小、最不起眼的事情，也应当采取慎重的态度。慎重，就是所谓的"敬"。在没有事的时候，用"敬"来修养自己的德行。在有事的时候，以"敬"的德行和心态去面对一切。做任何一件事情，都一定要始终如一、谨慎小心。坚持恭敬持重、从长计议的原则，并养成一种良好的品行，就不会有什么错误发生。所以说，一个人以"恭敬"来滋养身心，那他就会德行厚重、心灵澄静。把"恭敬"放在心上，就如同主人在当家，自然能够整理好家务，这就是古人所说的，"恭敬"能够使人的内心变得正直的含义。《礼记》一开篇就以"毋不敬"开头，圣人的这句话，堪称至理名言。

解 析

康熙的这段庭训，意在训诫子孙，要以"恭敬"之德，涵养身心，培养小心谨慎的人生态度和始终如一的务实精神。这与他一贯提倡的"居安思危""有备无患"的思想是一致的。以"恭敬"修身，使自己能够谦虚地待人，谨慎地做事，才能做到他人敬爱、众人佩服。

二十二、防微杜渐　预其未萌

原 文

训曰：凡理大小事务，皆当一体留心。古人所谓防微杜渐者，以事虽小而不防之，则必渐大；渐而不止，必至于不可杜也。

译 文

处理任何事情，都应当小心谨慎。古人所说的"防微杜渐"，就是指即使很小的事情，如果在刚刚发生的时候不加以防范，小问题就一定会演变成大问题；如果在它逐渐发展变化的时候，仍然不加以防范，那么，就必定会发展到不可收拾的地步。

解 析

古人云：“事有因革，风起于萍。”作为君王，人事繁杂，头绪众多，这时候经常容易忽略一些不起眼的小事，正是这些小事没有得到重视，愈演愈烈，最后演化成无法收拾的大事。康熙以此告诉子孙后辈，有没有“防微杜渐”的能力，是我们生活中目光是否敏锐、思维是否缜密、做事是否精细的试金石。

二十三、实心相待 不务虚名

原 文

训曰：吾人凡事惟当以诚，而无务虚名。朕自幼登极，凡祀坛庙神佛，必以诚敬存心。即理事务，对诸大臣，总以实心相待，不务虚名。故朕所行事，一出于真诚，无纤毫虚饰。

译 文

我们碰到任何事情都要实事求是地去面对，不要去追求虚名。我从幼年做皇帝以来，凡是遇到祭祀天地、拜谒祖庙、供奉神佛的事情，都怀着虔诚敬仰的心情。即使处理日常的政务，对待各位朝中大臣，也总是以诚相待，不搞虚与委蛇那一套。所以，我的为人处世，完全出于一片诚心，没有丝毫的虚假遮掩。

解 析

为人处世要实诚，祭拜供奉要虔诚，总之都离不开一个“诚”字。康熙在这段庭训中又一次现身说法，向子孙传授“诚”在待人接物中的重要意义，这也是对后人进行的道德教育。以诚相待，方能得到别人的信任和帮助，修齐治平都离不了一个“诚”字。

第十五章 《郑板桥家书》

世道盛则一德遵王，风俗偷则不同为恶。

——郑板桥

郑燮（1693—1766），字克柔，号板桥，世间传称为郑板桥。江苏兴化人，应科举为康熙秀才，雍正十年举人，乾隆元年（1736）进士。做过山东范县、潍县知县。为官清明、两袖清风，为人疏放不羁，好作诗饮酒。在潍县任上，因为闹饥荒，他力主开仓放粮，得罪了高官，罢官归乡，客居扬州。板桥先生喜欢山水，经常与骚客、僧人游走于山野乡间，醉酒吟诗，潇洒快活。著有《板桥全集》，手书刻之。因以卖画维持生计，传颂一时。为"扬州八怪"之一，其诗、书、画世称"三绝"，擅画兰竹。

板桥先生的家书，坊间很早就有人出版，就叫《板桥家书》，共十六封，家书中不仅表现了他修身、齐家的家教思想，平等谦和、洁身自好的人生态度，也表现出板桥先生勤政爱民、廉洁敬业、疾恶如仇的美德，被人们誉为家书之经典。

一、范县署中寄舍弟墨第四书

原 文

十月二十六日得家书，知新置田获秋稼五百斛，甚喜。而今而后，堪为农夫以没世矣。要须制碓，制磨，制筛罗簸箕，制大小扫帚，制升斗斛。家中妇女，率诸婢妾，皆令习春揄蹂簸之事，便是一种靠田园长子孙气象。天寒冰冻时，穷亲戚朋友到门，先泡一大碗炒米送手中，佐以酱姜一小碟，最是暖老温贫之具。暇日咽碎米饼，煮糊涂粥，双手捧碗，缩颈而啜之，霜晨雪早，得此周身俱暖。嗟乎，嗟乎，吾其长为农夫以没世乎！

我想天地间第一等人只有农夫，而士为四民之末。农夫上者种地百亩，其次七八十亩，其次五六十亩，皆苦其身，勤其力，耕种收获，以养天下之人。使天下无农夫，举世皆饿死矣。我辈读书人，入则孝，出则弟，守先待后，得志泽加于民，不得志修身见于世，所以又高于农夫一等。今则不然，一捧书本，便想中举中进士做官，如何攫取金钱，造大房屋，置多田产。起手便错走了路头，后来越做越坏，总没有个好结果。其不能发达者，乡里作恶，小头锐面，更不可当。夫束修自好者，岂无其人？经济自期，抗怀千古者，亦所在多有。而好人为坏人所累，遂令我辈开不得口，一开口，人便笑曰："汝辈书生，总是会说，他日居官，便不如此说了。"所以忍气吞声，只得捱人笑骂。工人制器利用，贾人搬有运无，皆有便民之处。而士独于民大不便，无怪乎居四民之末也。且求居四民之末，而亦不可得也。

愚兄平生最重农夫。新招佃地人，必须待之以礼。彼称我为主人，我称彼为客户，主客原是对待之义，我何贵而彼何贱乎？要体貌他，要怜悯他，有所借贷，要周全他，不能偿还，要宽让他。尝笑唐人《七夕》诗，咏牛郎织女，皆作会别可怜之语，殊失命名本旨。织女，衣之源也；牵牛，食之本也。在天星为最贵，天顾重之，而人反不重乎？其务本勤民，呈象昭昭可鉴矣。吾邑妇人不能织绸织布，然而主中馈，习针线，犹不失为勤谨。近日颇有听鼓儿词，以斗叶为戏者，风俗荡轶，亟宜戒之。

吾家业地虽有三百亩，总是典产，不可久恃。将来须买田二百亩，予兄弟二人，各得百亩足矣，亦古者一夫受田百亩之义也。若再求多，便是占人产业，莫大罪过。天下无田无业者多矣，我独何人，贪求无厌，穷民将何所措足乎！或曰："世上连阡越陌，数百顷有余者，子将奈何？"应之曰："他自做他家事，我自做我家事，世道盛则一德遵王，风俗偷则不同为恶，亦板桥之家法也。"

哥哥字。

译 文

十月二十六日收到家里来信，知道新买的田地，秋季收获了五百斛的稻谷，我非常高兴。从今以后，我们可以做个农夫过一辈子了。现在需要制备水碓、石磨、筛箩、簸箕，制备大小扫帚，制备升、斗、斛等农具。家中妇女，连同家中女佣，都让它们学习舂米、揄扬、踩踏、颠簸的农活，这才有一种靠田园抚养子孙的生活气象。天寒冰冻时，穷亲戚朋友来家串门，先泡一大碗炒米送手中，再加一小碟酱姜等佐料，这最能使他们感到温暖。农闲的日子，吃碎米饼，煮糊涂粥，双手捧着碗，缩着脖子喝，即使是霜雪寒冷的早晨，喝这样的粥，全身都暖和。唉！我们可以当一辈子农民了！

我想世界上第一等人，只有农夫。读书人应是士、农、工、商四民的最后一等。上等的农夫，耕种一百亩田地，次等的七八十亩，再次等的五六十亩，都是靠身体、吃辛苦，勤奋地付出他们的力量，春种秋收，来养活天下的人。假使天下没有农夫，全世界的人都要饿死了。我们这些读书人，就应该在家孝敬父母，出外尊敬兄长，守住先人的美德，等待传给后人来继承发扬。做官得志时，把恩泽送给百姓；达不到心愿时，就修养身心，将美德展现于世。所以，又比农夫高了一等。可是现在的读书人就不是这样了，一捧起书本，便想要考中举人、进士、好加官晋爵，当上官以后，便要捞取金钱，建造大房屋，购买更多田产。一开始便走错了路，后来越做越坏，最终没有好结果。而那些在事业上没有发展和成就的人，便在乡里为非作歹，行为丑陋，更令人受不了。至于约束言行，注重自己修德养性的人，难道就没有吗？甚至期望自己达到经世济民的理想，使自己的心智高尚，媲美古人的人，也到处都有。但是好人总是被坏人所牵累，于是让我们也难以开口。一开口说话，别人便笑说：你们这些读书人总是会说，将来做了官，就不这样说了。所以只好忍气吞声，忍受别人的讥笑。工人制造器具，让人使用方便；商人运送货物，疏通有无，都有方便民众的地方。只有读书人对于人民最无用，难怪要列在四民中的最后一等，而且要求列在最后一等也都未必能得到呢。

兄长我一生中最敬重的就是农夫。对于新招用的佃户，一定以礼相待。他们称呼我们为主人，我们称呼他们为客户；主客本来就应该是相互平等的意思，我们有什么好尊贵的，而他们又有什么好低贱的呢？要体恤他们、怜悯他们，如果他们需要借贷，就要帮他们实现，无能力偿还的，就要宽让他们。我曾经嘲笑唐人《七夕》诗，吟咏牛郎织女，都作相会、离别等可怜之说，实在是失去了原本的主旨。织女，穿衣的来源；牵牛，吃饭的根本，作为天星为最尊贵，上天非常重视它们，而人却反不重视啊！它们昭示人民勤劳务农，它们的形象明显可作为人们的镜子。我们乡下的妇女们，不能织绸织布，然而主持家务，多做针线，也仍然不失为勤劳。近来有很多沉湎于听鼓词、玩纸牌的人，这习俗过于恣纵逸乐，应该制止他们。

我们家的田地，虽然有三百亩，但总是人家典押的产业，不可长久依靠它。将来需要买二百亩田，我兄弟二人各得一百亩就够了，这也是古代一个农夫受田一百亩的意思。如果再求多，就是侵占他人产业，那是很大的罪过。天下没有田地产业的人很多，我是什么人啊，如果贪多而不满足，那么穷人将如何生存呢？有人说："在这世上，很多人的田产是阡陌相连，拥有田地数百项还多，你奈他何？"我说：别人这么做是他家的事情，我只尽力做自家的事情，当世道昌盛时，大家一起遵守王法；若世风日下，民俗浮薄时，也绝不随着世俗同流合污。这也是板桥家法吧。

哥哥字。

解 析

郑板桥这封给弟弟的信，作于他在范县当县令时期。文笔自然，文思流畅，表达了板桥先生对农夫、读书人、世风的看法：

一是在对农夫的认识上，板桥先生真是个不墨守成规的人，对传

典，而遂以此残物之命，可乎哉？

我不在家，儿子便是你管束。要须长其忠厚之情，驱其残忍之性，不得以为犹子而姑纵惜也。家人儿女，总是天地间一般人，当一般爱惜，不可使吾儿凌虐他。凡鱼飧果饼，宜均分散给，大家欢嬉跳跃。若吾儿坐食好物，令家人子远立而望，不得一沾唇齿，其父母见而怜之，无可如何，呼之使去，岂非割心剜肉乎！夫读书中举、中进士、作官，此是小事，第一要明理作个好人。可将此书读与郭嫂、饶嫂听，使二妇人知爱子之道在此不在彼也。

译　文

我五十二岁才有了一个儿子，哪有不爱他的道理！但爱子必须有个原则。即使平时嬉戏玩耍，也一定要注意培养他忠诚厚道，富于同情心，不可以让他成为刻薄急躁之人。

平生最不喜欢在笼子中养鸟，我贪图快乐，它在笼中，有什么道理，要让它被囚禁来适应我的性情。更有甚者，用发丝系住蜻蜓，用线绳捆住螃蟹，作为小孩的玩具，不到一会儿就被拉扯死了。天生万物，父母养育子女很辛劳，一只蚂蚁，一只虫子，都是绵绵不断，繁衍出生，上天也很爱恋。然而人是万物之中最珍贵的，我们竟然不能体谅上天的用心，上天如何将万物托付给我们呢？毒蛇、蜈蚣、狼、虎、豹，是最狠毒的，但是上天已经让它们生出来，我为什么要杀它们？如果一定要赶尽杀绝，上天何必要让它们降生呢？只要把它们驱赶开去，让它们不要互相伤害就可以了。蜘蛛织网，和人有什么关系，有人说它在夜间诅咒月亮，让墙壁倒下，于是将其赶尽杀绝了。这些言论出自哪部经典之作，而作为依据残害生灵的性命，这样可以吗？

我不在家时，儿子便由你管教，要培养增强他的忠厚之心，而根除其残忍之性，不能因为他是你的侄子就姑息、放纵、怜惜他。仆人的子女，也是天地间一样的人，要一样爱惜，不能让我的儿子欺侮虐待他们！凡鱼、肉、水果、点心等吃食，应平均分发，使大家都高兴。如果好的东西只让我儿子一个人吃，让仆人的孩子远远站在一边看着，一点也尝不到，他们的父母看到后便会心疼他们，又没有办法。只好喊他们离开，此情此景，岂不令人心如刀绞。读书中举以至做官，都是小事，最要紧的是要让他们明白事理，做个好人。你可将此信读给两个嫂嫂听，使她们懂得，疼爱孩子的关键在于做人不在于做官。

解 析

板桥先生晚年得子，爱子之心胜于常人。但因当时他在山东潍县当县令，妻儿在江苏兴化老家，遂将教育、管束儿子的责任托付给他的"舍弟"。信中的教诲和嘱托，体现出板桥先生进德修为的境界和为人处世的原则。主要有三点：

一是"要须长其忠厚之情，驱其残忍之性"，提倡培养孩子忠诚厚道的品格，戒除刻薄急躁的毛病。强调引导小孩子养成平等仁爱的精神，切忌因为父亲做官而傲视其他童伴。能够摒弃富贵尊卑的等级观念，别说是在当时，就是在今天，也实在难能可贵。

二是提出教育孩子怜惜万物，反对残害生灵，即使是小动物或是狠毒的野兽，也用不着赶尽杀绝，驱离就是了。

三是把"读书中举、中进士、做官"，视为"小事"，而将读书"明理，做个好人"当作第一要事。凸显出板桥先生超凡脱俗的人生志趣。先生信中所体现出来的人本主义思想、谦恭厚道的品格、珍惜自然的理念、平等仁爱的精神，不仅与中华传统美德一脉相承，也与整个人类的社会价值观相吻合。

三、潍县署中与舍弟墨第三书

原 文

富贵人家延师傅教子弟，至勤至切，而立学有成者，多出于附从贫贱之家，而已之子弟不与焉。不数年间，变富贵为贫贱：有寄人门下者、有饿莩乞丐者。或仅守厥家，不失温饱，而目不识丁。或百中之一亦有发达者，其为文章，必不能沉着痛快，刻骨镂心，为世所传诵。岂非富贵足以愚人，而贫贱足以立志而浚慧乎！我虽微官，吾儿便是富贵子弟，其成其败，吾已置之不论；但得附从佳子弟有成，亦吾所大愿也。至于延师傅，待同学，不可不慎。

吾儿六岁，年最小，其同学长者当称为某先生，次亦称为某兄，不得直呼其名。纸笔墨砚，吾家所有，宜不时散给诸众同学。每见贫家之子，寡妇之儿，求十数钱，买川连纸钉仿字簿，而十日不得者，当察其故而无意中与之。至阴雨不能即归，辄留饭；薄暮，以旧鞋与穿而去。彼父母之爱子，虽无佳好衣服，必制新鞋袜来上学堂，一遭泥泞，复制为难矣。

夫择师为难，敬师为要。择师不得不审，既择定矣，便当尊之敬之，何得复寻其短？吾人一涉宦途，既不能自课其子弟。其所延师，不过一方之秀，未必海内名流。或暗笑其非，或明指其误，为师者既不自安，而教法不能尽心；子弟复持蔑忽心而不力于学，此最是受病处。不如就师之所长，且训吾子弟不逮。如必不可从，少待来年，更请他师；而年内之礼节尊崇，必不可废。

又有五言绝句四首，小儿顺口好读，令吾儿且读且唱，月下坐门槛上，唱与二太太、两母亲、叔叔、婶娘听，便好骗果子吃也。

二月卖新丝，五月粜新谷；医得眼前疮，剜却心头肉。

耘苗日正午，汗滴禾下土；认知盘中餐，粒粒皆辛苦。

昨日入城市，归来泪满巾；遍身罗绮者，不是养蚕人。

九九八十一，穷汉受罪毕；才得放脚眠，蚊虫虼蚤出。

译 文

富贵人家聘请老师教育孩子，最诚挚、恳切，但是学业有成的，大多是贫贱家庭的孩子，而自己家的孩子不在其中。没过几年，由富贵变得贫贱：有寄人篱下的，有饿死的，也有乞讨度日的。有的仅仅守住其家业，维持温饱，但是目不识丁。或许也有百分之一发达的。这样的人写文章，肯定不能坚劲而流畅，让人过目不忘，被世人所传诵。难道不是富贵足以使人愚笨，贫贱足以使人立志、增长智慧吗？我虽然只是一个小官，我的儿子也算是富贵人家的孩子，他的成败，我先姑且不论，只要是能和其他品学兼优的孩子那样有所成就，也算了却我最大的心愿了。因此，如何聘请老师、对待同学，不可不慎重。

我的儿子现在六岁，在同学中年龄最小，对同学中年龄较大的，应当教孩子叫他某先生，稍小一点的也要称为某兄，不得直呼其名。笔墨纸砚一类文具，只要我家所有，便应不时分发给别的同学。每当看到贫寒家庭或寡妇的子弟，需要十几个钱，用来买川连纸装订做写字本，十天都还没能做到的，应当仔细了解这件事的缘故，并悄悄地帮助他们。如果遇到雨天不能马上回家，就挽留他们吃饭；如果已到傍晚，要把家中旧鞋拿出来让他们穿上回家。因为他们的父母疼爱孩子，虽然穿不起好衣服，但一定做了新鞋新袜让他们穿上上学，遇到雨天，道路泥泞不堪，鞋袜弄脏，再做新的就非常不容易了。

选择老师比较困难，而尊敬老师则更加重要。选择老师不能不审慎，一旦确定了，就应当尊敬他，怎么能再挑他的毛病呢？像我们这些人，一进官场，就不能亲自教授自己的孩子读书。为孩子聘请的老师，不过是某一地方的优秀人才，未必是国内知名人士。如果学生有的暗中告发老师的过错，或有的当众指责老师所讲有错误，这样会使老师内心惶惶不安，自然不会尽心尽力地教育学生；孩子们如果再有蔑视老师的想法而不努力学习，这是最令人头痛的事了。与其如此，不如以老师的长处，来教育弥补孩子们的不足。如果必须不能让孩子跟从老师学习，也要稍作等待，到来年再聘请别的老师；而在老师任期之内的一切礼节待遇，一定不可随意废弃。

又有五言绝句四首，小孩子顺口好读，让我的儿子边读边唱，月夜下坐在门槛上，唱给两位祖母、两位母亲、叔叔、婶娘听，也让他讨点果子吃。

二月卖新丝，五月粜新谷；医得眼前疮，剜却心头肉。

耘苗日正午，汗滴禾下土；认知盘中餐，粒粒皆辛苦。

昨日入城市，归来泪满巾；遍身罗绮者，不是养蚕人。

九九八十一，穷汉受罪毕；才得放脚眠，蚊虫虼蚤出。

解析

这封信同上一封信一样，都是板桥先生在山东潍县任职时的家书，内容也相近，谈修身进德和为人处世。一是在作者看来，穷苦家里的孩子，往往在学习上更努力，在成长中更立志，在人生拼搏中更能不断进取。相反，富贵家的孩子容易被优越所累，难有建树。所以不要瞧不起穷苦家的孩子，要同情他们，对他们因家贫所带来的一时窘迫，要施以援手。特别是信后附的四首反映农民疾苦、抒写穷人艰辛的五言诗，板桥先生要求"令吾儿且读且唱"，这是何等的理念和心态。二是强调要尊师重教，尤其对老师，"礼节尊崇，必不可废"。

四、淮安舟中寄舍弟墨

原文

以人为可爱，而我亦可爱矣；以人为可恶，而我亦可恶矣。东坡一生觉得世上没有不好的人，最是他好处。愚兄平生谩骂无礼，然人有一才一技之长，一行一言之美，未尝不啧啧称道。囊中数千金，随手散尽，爱人故也。至于缺陷欹危之处，亦往往得人之力。好骂人，尤好骂秀才。细细想来，秀才受病，只是推廓不开，他若推廓得开，又不是秀才了。且专骂秀才，亦是冤屈。而今世上哪个是推廓得开的？年老身孤，当慎口过。爱人是好处，骂人是不好处。东坡以此受病，况板桥乎！老弟亦当时时劝我。

译 文

要是觉得别人都可爱，我自然也可爱；要是觉得别人都可恶，我自然也是挺可恶的。苏东坡向来认为这世界上没有什么坏人，这是他最大的优点。你愚兄我一辈子好骂人、不讲礼貌，可是如果谁在才艺技巧上受到称赞，言行举止上享有美誉，我也是赞不绝口的。口袋里有好几千金，随手就花光，那是因为喜欢助人为乐的缘故。真到了困难危险的处境，往往会得到别人的帮助。我爱骂人，特别爱骂秀才。仔细想来，秀才受到诟病，是因为秀才总是摆脱不了酸臭迂腐，他要是不酸臭迂腐，那就不是秀才了。要说专拿秀才诟病，也是冤屈他们了。你说现今世界上，谁身上没有一些改不掉的臭毛病。像我这样已经年老身孤的，说话要多积口德啦。爱护人是优点，谩骂人是缺点。苏东坡因为爱讥笑别人而受到诟病，更何况我郑板桥呐！老弟，你应当时不时地提醒和劝阻我呀。

解 析

在这封信中，郑板桥很坦率地向弟弟反省自己的缺点、检讨自己的言行，以自己的经历与苏东坡的际遇做对比，认识到"爱人是好处，骂人是缺点"。告诫弟弟，要时常督促提醒自己，避免犯出言不逊、恶语伤人的毛病。

郑板桥曾剖析批评自己"好大言，自负太过，谩骂无择。诸先辈皆侧目，戒勿与往来"。知错必改，善莫大焉，在近五十岁时能幡然醒悟，反省自己过于自负、喜欢骂人的毛病，当然是为了与人为善、以德待人。在人与人相处中，不应该锋芒毕露、言辞尖刻。相反，对人要多看到长处，对己要多看到短处，严于律己，宽以待人。即使批评对方，也要态度恰当、言辞中肯。只有这样才能把人际关系处理好。

五、焦山双峰阁寄舍弟墨

原 文

郝家庄有墓田一块，价十二两，先君曾欲买置，因有无主孤坟一座，必须刨去。先君曰："嗟乎！岂有掘人之冢以自立其冢者乎！"遂去之。但吾家不买，必有他人买者，此冢仍然不保。吾意欲致书郝表弟，问此地下落，若未售，则封去十二金，买以葬吾夫妇。即留此孤坟，以为牛眠一伴，刻石示子孙，永永不废，岂非先君忠厚之义而又深之乎！夫堪舆家言，亦何足信。吾辈存心，须刻刻去浇存厚，虽有恶风水，必变为善地，此理断可信也。后世子孙，清明上冢，亦祭此墓，卮酒、只鸡、盂饭、纸钱百陌，著为例。

雍正十三年六月十日，哥哥寄。

译 文

郝家庄有一块墓地，要价十二两金子，先辈曾经想买下这块墓地，但是有一座不知道主人的孤坟，遗存在墓地中，无法保留、必须刨去。先辈为难地说："唉！哪有掘了别人家的坟墓，而把自己家的坟墓立在这里的道理，下不去手啊。"于是，就放弃了买这块墓地。但是，咱们家不买，别人家也一定会来买，这座无助的坟墓还是保不住。所以，我想给郝表弟写封信，打听一下这块地的下落，如果还没有卖出去，则拿上封好的十二两金子，买下来作为我们夫妻的墓地。那座无助的坟墓就留在原地，让咱家的坟墓也沾上这块宝地的风水。立一块刻石告诉子孙，这块墓地的格局永远不再改变。这不是把先辈的忠厚仁义又加深了吗？风水先生那套说辞，用不着深信不疑。我们这些人所须铭记在心的，是每时每刻都要诚除刻薄、保持宽厚。那样的话，即使有不好的风水，也会转化成宝地，这个道理不能不信。后代子孙，清明来上坟，连这座无主孤坟也要一起祭奠。大碗酒、整只鸡、饭满盆、纸钱横竖叠起，将来就照着这个样子来祭奠。

雍正十三年六月十日，哥哥寄。

解析

这封家书，内容单一。郑板桥就买墓地一事，教育他弟弟，也给他的子孙们讲了几个做人的道理。一是"岂有掘人之冢以自立其冢者乎"，说的是人做事情绝不可损人而利己。虽然是一座找不着主人的坟，也不能任意刨掉。二是"即留此孤坟，以为牛眠一伴"，"岂非先君忠厚之义而又深之乎"，讲到了为人应当"去浇存厚"的道理。人们在建房子、选墓地的时候，都希望有个好风水，而郑板桥认为：只要我们为人心存善良，忠厚诚实，仙逝后葬在哪里都是风水宝地。三是嘱咐弟弟和子孙后代，清明上坟扫墓时，对无主孤坟与自家坟墓要一并祭奠，规格一样。如果说"去浇存厚"还是一种心理上的善意的话，那么对无主孤坟与自家坟墓同样规格一并祭奠，就是对美德的践行，这是非常难能可贵的。

第十六章 《林则徐家书》

用力之要，尤在多读圣贤书，否则即易流于下。

——林则徐

题 解

林则徐（1785—1850），字元抚，又字少穆、石麟，晚号俟村老人、俟村退叟、七十二峰退叟等。福建侯官（今福州市）人。

林则徐为人廉洁清正，虽官至一品，曾为云贵总督、两广总督、陕甘总督、陕西巡抚等封疆大吏，两次受命为钦差大臣，但退休之后，欲与北京任京官的长子同住，却因买不起京中住宅，只好回到福州父亲购置的旧屋中生活。道光年间赴广东禁烟，以"苟利国家生死以，岂因祸福避趋之"的担当精神，不顾流俗，不怕外国势力威胁利诱，冲破守旧官员种种阻力，查禁鸦片。在查禁鸦片时期，林则徐曾在自己的府衙写了一副对联"海纳百川有容乃大，壁立千仞无欲则刚"，告诫勉励自己。先后辑有《四洲志》《华事夷言》《滑达尔各国律例》等，成为中国近代最早介绍国外情况的中国官员，因此，林则徐也被史学界尊为"近代中国开眼看世界的第一人"。

林则徐长年宦游在外，与家人聚少离多。《林则徐家书》现存五十一封，是他的精神风范在家教方面的体现。内容主要是三个方面：一是诫子，教诲儿子如何立志、为学、做人。二是在两广总督任上给妻儿的信，主要体现"苟利国家生死以，岂因祸福避趋之"的担当精神。三是流放伊犁前后，"谪居正是君恩厚，养拙刚于戍卒宜"，体现的是不计个人利害、为国戍疆、为民谋利的忘我精神，以及夫妻二人患难之中肝胆相照的感人情操。

一、致儿子林汝舟

原 文

大儿知悉：

父自正月十一日动身赴广东，沿途经五十余日，今始安抵羊城。

风涛险恶，不可言喻，惟静心平气，或默背五经，或返躬思过，故虽颠簸不堪，而精神尚好，因思世途险，不亚风涛，入世者苟非先胸有成竹，立定脚根，必不免为所席卷以去。近朱者赤，近墨者黑，此择友之道应尔也。若于世事，则应息息谨慎，步步为营，若才不逮而思徼幸，或力不及而谋骛等，又或胸无主宰，盲人瞎马，则祸患之来，不旋踵矣。此为父五十年阅历有得之谈，用以切嘱吾儿者也。汝母汝弟，身体闻均安好。汝二弟且极用功好学，父闻之，心为一快。客居在外，饥饱寒暖，须时加调护；友朋应酬，虽不可少，而亦要有限制；批阅公牍，更宜仔细，切不可假手他人。对于长官，尤应恭顺小心，即同僚之间，亦应虚心和气。为父做官三十年，未尝以疾言遽色加人，儿随父久，当亦目睹之也。闲是闲非，不特少管，更应少听，一有差池，不但殃及汝身，即为父亦有不测也。慎之慎之！

元抚手示

译 文

大儿知悉：

我在正月十一日动身到广东，一路用了五十几天，今天才到达广州。一路上风涛险恶，无法用言语来形容。我只有平心静气，或是背诵圣人的经典，或是反省自己一生的过失。所以途中虽然颠簸不堪，而精神倒还好。因而想到人生的道路艰难坎坷，不亚于江海上的风浪，所以入世者如果不能胸有成竹，立定脚跟，一定不免被这些波涛席卷而去。所谓"近朱者赤，近墨者黑"，这是选择朋友时一定要遵循的道理。对于世上的事情，则应当时刻小心谨慎，步步为营。假若才华不够而想依靠侥幸，或者是力量不足却想达到目的，又或者自己心中毫无主见，如盲人骑瞎马，那么灾祸就会接踵而至。这些都是我五十年来亲身经历的心得，以此来嘱咐你。你的母亲和弟弟，听说身体都很好，你的二弟极其用功好学，我听到之后，心中为之一快。

你客居在外，饥饱和冷暖之事要好好注意。朋友之间的应酬，虽然是不可少之事，但也要有个节制。批阅公文，更要十分仔细，千万不要让别人代劳。对于上级长官，则尤其应当恭顺小心；就是同事之间，也要虚心和气。我做官三十年，从来没有疾声厉色对人，你跟我一起很久了，应该亲眼看到过这些情况。对于别人的闲杂是非，不但要少管，连听也不必听。因为一旦发生什么差错，不但祸事要殃及你的身上，就是我也会受到意想不到的牵连。希望你要特别谨慎！

林则徐手书

解 析

这封是林则徐给身在北京的大儿子林汝舟的信，言辞恳切、语重心长。一是教育儿子如何立志进德、为人处世，如何交友以及如何与同事、上司相处。其中既有自己的做人原则，也有多年的从政经验。以此训导儿子立身处世、交朋结友一定要"胸有成竹，立定脚跟"。二是这封家书写于林则徐刚被任命为两广总督、赴广州查禁鸦片之初，信中要儿子不要多管别人的闲事，反映出身负禁烟重任的林则徐谨慎小心的态度。

二、训次儿聪彝

原 文

字谕聪彝儿：

尔兄在京供职，余又远戍塞外。唯尔奉母与弟妹居家，责任甚重，所当谨守者五：一须勤读敬师，二须孝顺奉母，三须友予爱弟，四须和睦亲戚，五须爱惜光阴。尔今年已十九矣，余年十三补弟子员，二十举于乡；尔兄十六岁入泮，二十二岁登贤书。尔今犹是青衿一领。本则三子中惟尔资质最钝，余固不望尔成名，但望尔成一拘谨笃实子弟。尔若堪弃文学稼，是余所最欣喜者。

盖农居四民之首，为世间第一等高贵之人。所以余在江苏时，即嘱尔母购置北郭隙地，建筑别墅，并收买四围粮田四十亩，自行雇工耕种，即为尔与拱儿预为学稼之谋。尔今已为秀才，就此抛弃诗文，常居别墅，随工人以学习耕作，黎明即起，终日勤动而不知倦，便是田园之好弟子。

至于拱儿年仅十三，犹是白丁，尚非学稼之年，宜督其勤恳用功。姚师乃侯官名师，及门弟子领乡荐、捷礼闱者，不胜缕指计。其所改拱儿之窗课，能将不通语句改易数字，便成警句。如此圣手，莫说侯官士林中都推重为名师，只恐遍中国亦罕有第二人也。拱儿既得此名师，若不发奋攻苦，太不长进也。前日寄来窗课五篇，文理尚通，唯笔下太嫌枯涩，此乃欠缺看书功夫之故。尔宜督其爱惜光阴，除诵读作文外，余暇须披阅史籍。唯每看一种，须自首至末详细阅完，然后再易他种。最忌东拉西扯，阅过即忘，无补实用。并需预备看书日记册。遇有心得，随手摘录。苟有费解或疑问，亦须摘出，请姚师讲解，则获益多矣。

译 文

用这封信晓喻聪彝儿：

你哥哥在北京衙门做事，我又难辞偏远谪戍在边疆伊犁，只有你在家侍奉母亲和照应弟弟妹妹，责任非常重大，所以要恪守以下五条：一是要勤奋读书，尊敬老师；二是对母亲要孝顺，小心侍奉；三是要关心爱护弟弟妹妹；四是要与亲戚和睦相处；五是要珍惜时光。你今年已经十九岁了。我当年十三岁就成为学生员，由州县公费助学；二十岁就成为举人。你的哥哥汝舟也是十六岁成为学生员，二十二岁中举，但是你至今还是个秀才。本来我的三个孩子中你相比鲁钝一些，所以我一直不指望你读书成名，只是希望你成为一个忠厚至诚的好后生。你若能放弃科举而专心务农，那是我最高兴的事！

农民在"士农工商"中居于首位，是人世间第一等高贵之人。所以我当年在江苏任按察使时，就嘱咐你的母亲在苏州北郊空地上建一处房舍，并收购四周四十亩农田，雇人去耕种，就是为你和你弟弟拱枢务农提前做的准备。你现在已经是秀才，若能就此抛弃诗文，住到苏州北郊的房舍中，跟随咱家的雇工学习耕作，早起晚归，终日不知疲倦地劳作，这就是农家好弟子。

至于拱枢今年才十三岁，还是个没有什么功名的读书人，这样的年纪自然不应该学习务农，而应该督促他勤勉读书。他的老师姚先生是侯官县一带著名的老师，他的学生当中后来成为举人和参加会试成为贡士的不计其数。他批改的拱枢诗文习作，能将不通之处稍微改几个字就成为警句。像这样的高手，不要说在侯官县是知识界大家推重的名师，就是在全中国也找不到第二个人。拱枢儿能得到这样的名师指点，若不再发奋读书，真是太不长进了。前些日子寄给我的几篇习作，文理尚通顺，只是缺少文采，这是看书太少造成的。你要督促他爱惜时光，除了朗读背诵儒家经典和学写诗文外，剩下的时间还要读一些历史典籍。只是每读一部史书，必须从头到尾仔细认真阅读完，然后再看别的史书。最忌讳看看这本又看看那本，走马观花，看过就忘记了，对实际能力提高毫无帮助。阅读时还需要作读书笔记，一旦有学习心得，随手记下来。假如遇到不懂的地方或疑难之处，也记下来，向姚老师请教，这样就能大有长进。

解析

这是写给二儿子林聪彝的信。此时林则徐已经因为鸦片战争失败蒙受冤屈，被发配到边疆伊犁。正是在"苟利国家生死以，岂因祸福避趋之"的精神支撑下，作者在信中并没有诉说谪戍边塞的艰苦，也没有发泄心中的牢骚不平。只是心平气和、语重心长地训导儿子恪守家规、修德进业、尊农务农。首先，林则徐明确五点家规，让儿子遵照执行。其次，把"士农工商"中的农字提到首位，鼓励儿子重农务农。最后，勉励两个儿子发奋读书，具体指导如何学文作诗读史。结合当时作者的处境，可见林则徐为人处世的敦厚和人生态度的积极。

三、致郑夫人函

原文

前于启程时发寄一函，想已收到。一路沿海道至省，甚为平安，唯晕船稍苦耳。犹幸身体素强，饮食小心，一抵津江，即豁然如无事，堪以告慰。因眷念夫人甚切，故船一抵埠，百事未办，先发函回家，使夫人可以放心。

做官不易，做大官更不易。人以吾奉命使粤，方纷纷庆贺。然实则地位益高，生命益危。古人一命而伛，再命而偻，三命而俯，诚非故做诊恃，实出于不自觉耳。务嘱次儿须千万谨慎，切勿恃有乃父之势，与官府妄相来往，更不可干预地方事务。大儿在京尚谨慎小心，吾可放怀。次儿在家，实赖夫人教诲。大比将近，更须切嘱用功。咎年春日，如得荷天之庥，邀帝之眷，仍在此邦，当遣材官迎夫人来粤。侯敏兄闻已出门，家中又失一相助之人。如有缓急，或与大伯父一商。驹侄闻至聪慧，且极谨慎，有事亦可嘱彼相助也。

家训家书与中华美德传承

译 文

之前在动身时曾给你寄过一封信，想必已经收到。我一路上沿海路到达广东，一路平安，只是一路上晕船有点吃苦。幸亏身体素来强壮，饮食又很小心，到了广东的津江，就已经安然无恙了，请放宽心吧。因为很想念你，所以船一到码头，许多事都没有办，就先给你写这封信，好让你放心。

做官不容易，做大官更不容易。人们因为我是奉皇上之命任两广总督前来查禁鸦片的，才纷纷前来祝贺。其实地位越高，人生就越危险。古人每逢有任命，职位提升时，会越来越谨慎，越来越恭敬。第一次接受任命时鞠躬而受，第二次接受任命时弯腰而受，第三次接受任命时俯首接受，并非是故作姿态，实在是内心诚惶诚恐的一种不自觉状态。你在家务必要嘱咐二儿林聪彝千万小心谨慎，不要依仗父亲的势力而与官府胡乱往来，更不可以干预地方事务。大儿子在京做官尚且谨慎小心，我比较放心。二儿在家，要靠你去教诲。乡试快要临近了，更要嘱咐他努力用功。等到明年春天，如果承蒙上天庇护得到皇上的眷顾，我还在广东任职的话，我打算派衙门中的官差去接你来广东。听说家兄侯敏已离开咱家，这样你又少了个帮手。如遇到急事，可以找大伯父商量。我的侄儿林驹听说很聪明，又非常谨慎，如有事也可以让他来帮助你。

解 析

这封家信是林则徐任钦差赴广东查禁鸦片、刚到津江码头时写给妻子郑淑卿的家信。信中写了自己接受赴粤禁烟重任的惶恐心理和谨慎态度，所谓地位越高，人生就越危险。嘱咐妻子要教育孩子努力学习、小心谨慎，充分体现了林则徐恭敬谨慎的处世精神和努力进学的人生态度，字里行间流露着对妻子的爱恋和深情。

四、致郑夫人

 原 文

　　伊犁为塞外大都会，泉甘土沃，肆市林立，绝无沙漠气象。来此忽忽已两月矣。日惟以诗酒消遣。即知自于驻防将军席上一时兴发，赋诗相赠，从此求题咏者踵接子门。既无捉刀人，件件须亲自挥洒，终日栗六异常。语云烦恼不寻人，自去寻烦恼，洵非虚语也。

　　日昨又奉圣恩，勘办塞外开垦事宜。按塞外纵横三万余里，地土沃饶。惜少水利，以致膏腴沃壤，弃为旷野荒墟，有天富之地而不知垦植。塞外之民固属愚昧，塞外官长亦殊颟顸。独圣天子端居深宫，远瞩四海。当余谪戍时，圣心早计得之。今果然以开垦事责我图功。较之赴浙立功赎罪，其安危相去诚不可以道里计焉！盖圣主早识浙省文武均无折冲御侮之才，料我经浙省军营效力，调遣兵将，必多掣肘，断不能如粤省文武愿效驰驱，则有过无功，不待著龟可知。故阳为加罪谪戍，阴实矜恤周全。圣主如是曲为成全，能不令人感激涕零，愿竭犬马之劳，以报恩遇耶！现拟周边塞外各地，先修水利，继办垦植。山地拟造林，田地拟耕种。十年以后，塞外可成富庶之区也。

译 文

　　伊犁是名副其实的塞外大都会，泉水甘甜、土地肥沃，市面上商家店铺云集，一点也看不到沙漠中的荒凉景象。我谪戍到此很快就过了两个月，每天以诗酒消遣。自从在伊犁将军的酒席上一时高兴，写诗相赠，从此来我这儿求诗的人便络绎不绝。我现在又无人代笔，每一首赠诗都要亲自去写，弄得整天非常忙碌劳累。俗话说烦恼不寻人，是人自去寻烦恼，这话确实不假。

昨日皇上又下旨，要我勘察办理塞外农垦事务。伊犁一带纵横三万余里，土地肥沃富饶，就是缺水，以致那些肥沃的土地被废弃成为旷野荒墟，老天给了这么肥沃的土地，却没有办法去开垦种植。塞外的民众是有些落后愚昧，塞外的官员则更加糊涂而且马虎。只有当今皇上，虽然身处深宫之中却眼光远大。当初责令我戍边时，皇上内心早已做好打算，今日果然命我办理塞外农垦事务，以此立功赎罪。这与当年让我赴浙江军营效力来立功赎罪，两者间安全与危险的差距简直天壤之别。大概圣明的皇上早已知道浙江的文武官员不能抗敌御侮，料定我在浙江军营效力，会对我的调兵遣将牵制干扰，绝对不像在广东那样，文武官员乐意奔走效力。这是不需要掐算就能知道的。所以，表面上对我加罪，谪戍边塞伊犁，暗地里对我照顾怜悯，十分周全。圣明的皇上对我如此曲为周到、两全其美，怎能不让我感激涕零，愿竭犬马之劳，以报圣上的恩遇呢！现在打算先在伊犁周边地区兴修水利，接着垦荒种植。打算在山上造林，平地则开垦为农田。这样十年以后，这个边塞地区就可成为富庶之地。

解　析

道光二十二年（1842），林则徐因鸦片战争失败遭受重罚，被革职发配新疆伊犁。到了伊犁两个月后，又奉皇上之命，主持办理塞外垦荒务农事宜。接到朝廷命令的第二天他即给在西安的妻子写了这封家信。信中表露了接连遭受打击、惩罚后的心态，体现出屡受打击却不计个人得失的境界和艰难坎坷之中仍忠心为国的操守。尤其值得我们今天学习和借鉴的是：其一，"苟利国家生死以，岂因祸福避趋之"的献身精神。这种以国家和人民的利益为至高无上的人生准则，不仅支撑、勉励着林则徐，也鼓舞、激励了无数后来者。其二，为国忘身、不计荣辱，不顾境遇坎坷，依然勤奋敬业的胸怀。塞外垦荒本极其艰苦，但林则徐并不在意，终日忙碌，充满干劲。他在新疆的丰功伟业也为各族人民所怀念，至今民间仍流传着"林公"的故事。

五、复长儿汝舟

　　字谕汝舟儿知悉。接来信，知已安然抵家，甚慰。母子兄弟夫妇，三年隔别，一旦重逢，其快乐当非寻常人所可言喻。今将新岁矣，辛盘卯酒，团圆乐叙，亦家庭间一大快事。父受恩高厚，不获岁时归家，上拜祖宗，下蓄妻子，怅独为何如？唯有努力报国，以上答君恩耳。官岂不做，人不可不做。在家时应闭户读书，以期奋发，一旦用世，不致上负高厚，下玷祖宗。

　　吾儿岂早年成功，折桂探杏，然正皇恩浩荡，邀幸以得之，非才学应如是也。此宜深知之。即为父开八轩，握秉衡，亦半出皇恩之赐，非正有此才力也。故吾儿益宜读书明理，亲友岂疏，问候不可不勤；族党岂贫，礼节不可不慎。即兄弟夫妇间，亦宜尽相当之礼。持盈乃可保泰，慎勿以作官骄人。

　　而用力之要，尤在多读圣贤书，否则即易流于下。古人仕而优而学，吾儿仕尚未优，而可夜郎自大，弃书不读哉！次儿今岁可不必来，风雪严寒，道途跋涉，实足令为父母者不安。姑俟明春三月，再来未迟。吾儿更可不必来，家有长子曰"家督"，持家事母，正吾儿应为之事，应尽之职，毋庸舍彼来此也。父身体甚好，入冬后曾服补药一帖，精神尚健，饮食起居，亦极安适，毋念。

　　元抚手谕。

译 文

写这封信告诉汝舟我儿知晓。收到你的来信，知道你已经平安到家，心中很欣慰。母子、兄弟、夫妇分别了三年，一旦重逢，这其中的快乐不是一般人可以想象得到的。眼下马上就要到新年了，摆好迎春的酒菜，一家人团聚在一起，共叙天伦之乐，无疑是家庭中一件非常快乐的事情。作为父亲深受皇恩厚爱，未能获假在新年时回家，祭拜列祖列宗，陪伴照护妻子儿女，独自在外过新年，觉得惆怅、孤独又能怎么样！唯有想着努力报效国家，以报答皇上的恩典了。你虽然不当官了，但为人处世不能马虎。回到家中你应闭门读书，发愤图强，将来一旦再次出任官职，不至于对上辜负皇恩，对下玷污了列祖列宗的荣誉。

我儿虽然早年科场得意，殿试取得名次，但这都是由于皇恩浩荡，你侥幸得到的，并不是凭你真才实学得到的。这一点你要牢记。即使我坐着八尺轩车，手握大权，也多半是由于皇上的恩赐，并不是我恰好有这样的才智与能力。因此我儿更要读书明理。即使是不够熟悉的亲友，也一定要经常问候；即使是比较贫穷的同族亲戚，礼节也一定要周到。即使是兄弟、夫妇之间，也应当尽相应的礼节。平稳地守住已有的家业才能求得安宁，不要因为做过官就在别人面前怠慢骄纵。

而最值得下力气的，还是要多读圣贤之书，否则就容易产生低级趣味。古代的人当官当得好的仍继续学习，你做官还不怎么样，怎么能夜郎自大、放弃读书呢！聪彝今年可以不用来了，不然路上正逢风雪严寒，艰难跋涉，实在让我们做父母的不放心。暂且等到明年春天三月份，再过来也不迟。汝舟你更不必来，家中有大儿子主持，称之为"家督"，治理家业、侍奉母亲，正是你应做的事情，责无旁贷，不用舍弃你的本职来我这里。为父身体还好，入冬后曾服用过一剂补药，精神头也不错，饮食起居方面也很安稳舒适，不必挂念。

父元抚手书。

解　析

此信是给长子汝舟的回信，写于林则徐在广东查办鸦片期间。正赶上长子汝舟辞官回家过新年，不免一番语重心长的训教：一是官可以不做，书不可以不读，而且要多读圣贤之书，否则就会降低自己的人生境界和生活趣味。二是在家也要重视礼节，不够熟悉的亲友要多加问候，贫穷的同族要给予接济。兄弟、夫妻要以礼相待，不得在人前怠慢骄纵。三是勉励儿子治理好家业，侍奉好母亲、做好"家督"。总之，修身齐家之术是圣贤之家男女长幼的"标配"，无论何时何地都是必须谨遵不怠的。

第十七章 《曾国藩家书》

人苟能自立志，则圣贤豪杰何事不可为？

——曾国藩

曾国藩（1811—1872），字伯涵，号涤生，宗圣曾子七十世孙，中国近代政治家、战略家、理学家、文学家，湘军的创立者和统帅。与李鸿章、左宗棠、张之洞并称"晚清四大名臣"。官至两江总督、直隶总督、武英殿大学士，封一等毅勇侯，谥号文正。曾国藩出生于地主家庭，自幼勤奋好学，六岁入塾读书。八岁能读四书、诵五经，十四岁能读《周礼》《史记》《文选》。道光十八年（1838）中进士，太平天国运动时，组建湘军，经过多年鏖战，消灭太平天国。

　　曾国藩一生奉行"为政以耐烦为第一要义"，主张勤俭廉劳，反对为官自傲，崇尚修身律己，践行以德求官、礼治为先、以忠谋政的为官准则，在官场上获得了巨大的成功。在他的倡议下，建造了中国第一艘轮船，成立了第一所兵工学堂，翻译印刷了第一批西方书籍，派遣了第一批赴美留学生，堪称中国近代社会发展的开拓者。

　　《曾国藩家书》是曾国藩的书信集，记录了曾国藩在清道光三十年（1850）至同治十年（1871）前后二十余年的官场和从武生涯，近一千五百封。家书涉及的内容极为广泛，是曾国藩一生主要活动的形象记录，也是其治政、治家、治学之道的生动体现。曾国藩善于在平淡家常中谆谆训导，语重心长凝聚真知良言，极具说服力和感召力，充分展现了其学识造诣和道德修养。本书选取了十三封家书一篇遗训，不揣陋识，妄加译、解，以就教读者。

一、劝学篇　致诸弟·读书宜立志有恒

诸位贤弟足下：

　　十一前月八日已将日课抄与弟阅，嗣后每次家信，可抄三页付回。日课本皆楷书，一笔不苟，惜抄回不能作楷书耳。冯树堂进功最猛，余亦教之如弟，知无不言。可惜弟不能在京与树堂日日切磋，余无日无刻不太息也。九弟在京年半，余懒散不努力；九弟去后，余乃稍能立志，盖余实负九弟矣。余尝语岱云曰："余欲尽孝道，更无他事，我能教诸弟进德业一分，则我之孝有一分；能教诸弟进十分，则我之孝有十分；若全不能教弟成名，则我大不孝矣。"九弟之无所进，是我之大不孝也。惟愿诸弟发奋立志，念念有恒，以补我不孝之罪，幸甚幸甚。

岱云与易五近亦有日课册，惜其识不甚超越。余虽日日与之谈论，渠究不能悉心领会，颇疑我言太夸。然岱云近极勤奋，将来必有所成。

何子敬近待我甚好，常彼此作诗唱和，盖因其兄钦佩我诗，且谈字最相合，故子敬亦改容加礼。子贞现临隶字，每日临七八页，今年已千页矣。近又考订《汉书》之讹，每日手不释卷。盖子贞之学长于五事：一曰《仪礼》精，二曰《汉书》熟，三曰《说文》精，四曰各体诗好，五曰字好。此五事者，渠意皆欲有所传于后。以余观之，前三者余不甚精，不知浅深究竟何如；若字，则必传千古无疑矣。诗亦远出时手之上，必能卓然成家。近日京城诗家颇少，故余亦欲多做几首。

黄子寿处，本日去看他，工夫甚长进，古文有才华，好买书，东翻西阅，涉猎颇多，心中已有许多古董。何世兄亦甚好，沉潜之至，天分亦高，将来必有所成。吴竹如近日未出城，余亦未去，盖每见则耽搁一天也。其世兄亦极沉潜，言动中礼，现在亦学倭艮峰先生。吾观何、吴两世兄之资质，与诸弟相等，远不及周受珊、黄子寿，而将来成就，何、吴必更切实，此其故。诸弟能看书自知之，愿诸弟勉之而已。此数子者，皆后起不凡之人才也，安得诸弟与之联镳并驾。则余之大幸也。

门上陈升一言不合而去，故余作《傲奴诗》，现换一周升作门上，颇好。余读《易·旅卦》"丧其童仆"，象曰："以旅与下，其义丧也。"解之者曰："以旅与下者，谓视童仆如旅人，刻薄寡恩，漠然无情，则童仆将视主如逆旅矣。"余待下虽不刻薄，而颇有视如逆旅之意，故人不尽忠，以后余当视之如家人手足也。分虽严明而情贵周通。贤弟待人，亦宜知之。

余每闻折差到，辄望家信，不知能设法多寄几次否？若寄信，则诸弟必须详写日记数天，幸甚。余写信亦不必代诸弟多立课程，盖恐多看则生厌，故但将余近日实在光景写示而已，伏惟诸弟细察。

道光二十二年十一月十七日

译 文

诸位贤弟足下：

十一前月八日，已把日课抄给你们看，以后每次写信，可抄三页寄回。我的日课都用楷体，一丝不苟，可惜寄回的抄本不能用楷体了。冯树堂进步最快，我对他和教弟弟一样，知无不言。可惜弟弟不能在这里，与树堂天天切磋学问，我无日无刻不为此叹息。九弟在京城一年半，我有些懒散不够努力。九弟离开了以后，我才稍微能够立志，因此我太有负于九弟了！我常对岱云说："我想尽孝道的事，比别的事都重要。我能够教育弟弟们进德修业一分，那我真算是尽孝一分；能够教育弟弟们进步十分，那我真是尽孝十分；如果完全不能教导弟弟们成名，那我是大大的不孝了。"九弟的学问没有长进，是我的大不孝！只望弟弟们发奋立志，一门心思永远坚持，以弥补我的不孝之罪，那我就十分有幸了！

岱云与易五近来也有日课册，可惜他们的见识不够超越，我虽天天和他们谈论，他们却不能一一领悟，还怀疑我说得过分了。但岱云近来很勤奋，将来一定会有所成就。

何子敬近来对我很好，常常彼此作诗相唱和。这是因为他兄长钦佩我的诗，而且谈论书法最对心思，所以子敬也改变态度，更加有礼。子贞现在临的是隶书，每天临七八页，今年已临了千页了。近来又考订《汉书》的讹误，每天手不释卷。子贞的学问在五个方面见长：一是《仪礼》精通，二是《汉书》熟悉，三是《说文》精湛，四是各种体裁的诗都写得好，五是书法好。这五个方面的长处，他的想法是都要能让人认可，能流传于后世。在我看来，前三个方面，我不精通，不知他的造诣到底有多深。如果说到书法，能够流传千古那是无疑的了。他的诗，也远远超过了同代诗人，一定可以卓然于世、自成一家。近来京城有成就的诗人很少，所以我也想多作几首。

我今天去拜访了黄子寿，他的功夫很有长进，古文有才华，喜欢买书，东翻西看，涉猎很广，心里已积累了不少掌故。何世兄也很好，沉着潜静得很，天分也高，将来一定有所成就。吴竹如近日没有出城，我也没有去，因为见一次面便耽搁一天时光。他的世兄也很沉着，言行遵循礼节，现在也师事倭艮峰先生。我看何、吴两世兄的资质和弟弟们不相上下，远不及周受珊、黄子寿，而将来的成就，何、吴一定更切实些。因为这个缘故，弟弟们自然知道我的意思，希望弟弟们努力学习。刚才说到的这几位都是后起不平凡的人才，什么时候弟弟们能够与他们并驾齐驱，那就是我的大幸运！

看门的童仆陈升因为与我一言不合，拂袖而去，所以我作了一首《傲奴诗》，现在换了周升做门童，比陈升好多了。我读《易·旅卦》"丧其童仆"，《象传》说："以旅与下，其义丧也。"解释的人说："以旅与下者，就是说看童仆好比路人，刻薄寡恩，漠然无情，那么童仆也把主人看作路人了。"我对待下人虽说不刻薄，也看得如同路人，所以他就不尽忠报效，今后我要把下人当作自己家里人那样亲如手足。办事虽要求严格明白，而感情上还是以沟通为贵。贤弟对待别人，也要知道这个道理。

我每听到信差到，便望有家信，不知能不能设法多寄几封？如果寄信，那弟弟们必须详细多写几天日记，那就太好了！我写信也不需要代你们多立课程，恐怕多了产生厌烦心理，所以只写近日的情形罢了。望弟弟们细看。

道光二十二年十一月十七日

解析

这是写给几位弟弟的信，主要有四点意思：一是作为长兄照顾好弟弟就是对父母的孝顺。二是读书宜立志，且要立志有恒。三是学习要沉下心、静下气，学业才能精进。四是对待下人不要刻薄，要亲如手足。对待其他人也应如此。信中表现出曾国藩进德修业的人生态度：对父母孝顺，对弟弟爱护，对下人亲和，对学业持之以恒，给弟弟们提出了要求和期望。一个尊孝道、讲原则、负责任的长兄形象跃然纸上。

二、劝学篇　致诸弟·必须立志猛进

原文

四位老弟足下：

自七月发信后，未接诸弟信，乡间寄信较省城寄信百倍之难，故余亦不望也。九弟前信有意与刘霞仙同伴读书，此意甚佳。霞仙近来读朱子书，大有所见，不知其言话容止、规模气象如何？若果言动有礼，威仪可则，则直以为师可也，岂特友之哉！然与之同居，亦须真能取益乃佳，无徒浮慕虚名。人苟能自立志，则圣贤豪杰何事不可为？何必借助于人？"我欲仁，斯仁至矣。"我欲为孔孟，则日夜孜孜，惟孔孟之是学，人谁得而御我哉？若自己不立志，则虽日与尧、舜、禹、汤同住，亦彼自彼，我自我矣，何有于我哉？

去年温甫欲读书省城，吾以为离却家门局促之地而与省城诸胜己者处，其长进当不可限量。乃两年以来，看书亦不甚多，至于诗文，则绝无长进，是不得归咎于地方之局促也。去年余为择师丁君叙忠，后以丁君处太远，不能从，余意中遂无他师可从。今年弟自择罗罗山改文，而嗣后杳无信息，是又不得归咎于无良友也。日月逝矣，再过数年则满三十，不能不趁三十以前立志猛进也。

余受父教，而余不能教弟成名，此余所深愧者。他人与余交，多有受余益者，而独诸弟不能受余之益，此又余所深恨者也。今寄霞仙信一封，诸弟可钞存信稿而细玩之，此余数年来学思之力，略具大端。六弟前嘱余将所作诗抄录寄回，余往年皆未存稿，近近存稿者不过百余首耳，实无暇抄写，待明年将全本付回可也。

国藩草

道光二十四年九月十九日

译文

四位老弟足下：

自七月发信以后，没有接到弟弟们的信。乡里寄信比省城寄信要难百倍，所以我也不过于着急。九弟前次信中说他有意与刘霞仙同伴读书，这个想法很好。霞仙近来读朱子的书，很有自己的见解，但不知道他的谈吐容貌、格局气度怎么样，如果言语有分寸，行为有礼貌，容仪可为表率，那么师从他也可以，哪里只限于朋友呢？但与他同住，也要真能受益才好，不要徒然仰慕别人的虚名。一个人假若自己能立志，即使圣贤豪杰所做的事情，也不是不可为！何必一定要借助别人呢？"我想要做到仁，便达到仁的境界了。"我要学孔、孟，那就日夜孜孜以求，唯有孔、孟才去学，又有谁能阻碍得了我呢？如果自己不立志，那么即使天天与尧、舜、禹、汤同住，也还是他是他，我是我，这又与我有什么关系呢？

去年温甫想到省城读书，我以为离开家庭局促的狭小天地，而与省诚那些强过自己的人相处，进步一定不可限量。但是两年以来，看书也不是很多，至于诗文，根本没有长进，因而不得归咎于天地的局促。去年我为你选择丁君叙忠为老师，后来因丁君处太远了，不能跟他学习，我意中便没有其他认可的老师可以学习了。今年弟弟自己选择罗罗山改文，以后却杳无消息，进而又不得不归咎于没有良师益友。时光飞逝，再过几年，就满三十，不能不趁三十岁前立志猛进。

我受父亲教育，而不能教诲弟弟成名，这是我深感惭愧的。别人与我交往，多数得到我的益处，而独独几位弟弟不能受益，这又是我深深遗憾的。现在给霞仙寄信一封，各位弟弟可抄下来细细玩味，这是我数年来学习思考的心得，规模大体上具备了。六弟嘱咐我把作的诗抄录寄回，我往年都没有存稿，近年存了稿的，不过一百多首。实在没有时间抄写，等明年把全本寄回好了。

国藩草

道光二十四年九月十九日

解 析

这是曾国藩写给四个弟弟的信，着重勉励弟弟们珍惜光阴，抓紧时间立志猛进。在曾国藩看来，想要有所作为的人不必仰慕他人，只要立了志，明确了目标，努力践行，就一定会成就一番事业。这种积极奋进的人生态度，不仅是他本人成功经验的总结，也是所有想要有所作为的后来人所应该效仿的。

原　文

男国藩跪禀父母亲大人万福金安：

六月廿三日，男发第七号信交折差，七月初一日发第八号交王仕四手，不知已收到否？六月廿日接六弟五月十二书，七月十六接四弟、九弟五月廿九日书。皆言忙迫之至，寥寥数语，字迹潦草，即县试案首前列皆不写出。同乡有同日接信者，即考古老先生皆已详载，同一折差也。各家发信，迟十余日而从容，诸弟发信早十余日而忙迫，何也？且次次忙迫，无一次从容者，又何也？

男等在京大小平安，同乡诸家皆好，惟汤海秋于七月八日得病，初九日未刻即逝。六月廿八考教习，冯树堂、郭筠仙、朱啸山皆取。湖南今年考差，仅何子贞得差，余皆未放，惟陈岱云光景最苦，男因去年之病，反以不放为乐。王仕四已善为遣回。率五大约在粮船回，现尚未定。渠身体平安，二妹不必挂心。叔父之病，男累求详信直告，至今未得，实不放心。甲三读《尔雅》，每日二十余字，颇肯率教。六弟今年正月信欲从罗罗山处附课，男甚喜之。后来信绝不提及，不知何故？所付来京之文，殊不甚好，在省读书二年，不见长进，男心实忧之而无论如何，只恨男不善教诲而已。大抵第一要除骄傲气习，中无所有而夜郎自大，此最坏事。四弟、九弟虽不长进，亦不自满，求大人教六弟，总期不自满足为要。余俟续陈。

男谨禀

道光二十四年七月廿日

儿子国藩跪着禀告父母亲大人万福金安：

六月二十三日，儿子寄了第七封信，交给通信差，七月初一把第八封信交到王仕四手中，请他带回，不知是否已经收到？六月二十日，接到六弟五月十二日的信。七月十六日接到四弟、九弟五月二十九日的信。都说非常忙，寥寥几句话，字迹也潦草，便是县里考中头名和前几名的事情，都没有在信中告知。同乡中有同一天接到信的，就是考古老先生，也都详细写了这些事情。同是一个通信兵，各家发信，迟十多天而从容不迫；弟弟们早十多天而如此忙碌，是为什么？并且每次都说忙，没有一次从容，又是为什么？

儿等在京城，大小平安。同乡的各家都好，只是汤海秋在七月八日生病，初九日未刻便逝世了。六月二十八日考教习，冯树堂、郭筠仙、朱啸山都考取了。湖南今年的考差，只有何子贞得了差事，其余的都没有外放当差。只陈岱云的情形最苦，儿子我因去年的病，反而因为没有外放而高兴。王仕四已经被妥善地遣送回去，率五大约乘粮船回去，现在还没有定。他们身体平安，二妹不必挂念。叔父的病儿子多次请求详细据实告诉我，至今没有收到，实在不放心。甲三读《尔雅》，每天二十多字，还肯受教。六弟今年正月的信里说，想从罗罗山处学习，儿子很高兴。然而后来的信又绝口不提这件事，不知为什么？所寄来的信写得不好，在省读书两年，看不见进步，儿子心里很忧虑，又无可奈何，只恨儿子不善于教诲。总之，第一要去掉骄傲气习，心中空空，又夜郎自大，这个最坏事。四弟、九弟虽说不长进，但不自满，求双亲大人教导六弟，总要以不自满自足最为重要。其余下次再陈告。

儿子谨禀

道光二十四年七月二十日

这是曾国藩写给父母的信，他从弟弟们回信的时间间隔和字里行间，发现弟弟们身上流露的骄傲自满苗头，表露出自己内心的担忧，希望父母给予弟弟们以教导。着重强调要去掉他们的骄傲习气，泯除其夜郎自大的心态，强调骄傲自大是君子修身养德的最大障碍。

四、修身篇　禀父母·做事当不苟不懈

男国藩跪禀父母亲大人万福金安：

　　四月十四日，接奉父亲三月初九日手谕，并叔父大人贺喜手示及四弟家书。敬悉祖父大人病体未好，且日加沉剧，父、叔率诸兄弟服侍已逾三年，无昼夜之闲，无须臾之懈，独男一人远离膝下，未得一日尽孙子之职，罪责甚深。闻华弟、荃弟文思大进，葆弟之文得华弟讲改，亦日驰千里。远人闻此，欢慰无极。

　　男近来身体不甚结实，稍一用心，即癣发于面，医者皆言心亏血热，故不能养肝，热极生风，阳气上肝，故见于头面。男恐大发，则不能入见，故不敢用心，谨守大人保养身体之训，隔一日至衙门办公事，余则在家，不妄出门。现在衙门诸事，男俱已熟悉。各司官于男皆甚佩服，上下水乳俱融，同寅亦极协和。男呙终身在礼部衙门为国家办照例之事，不苟不懈，尽就条理，亦所深愿也。

　　英夷在广东，今年复请入城；徐总督办理有方，外夷折服，竟不入城。从此永无夷祸，圣心嘉悦之至。术者每言皇上连年命运行劫财地，去冬始交脱，皇上亦每为臣工言之。今年气象果为昌泰，诚国家之福也。

　　儿妇及孙女辈皆好。长孙纪泽前因开蒙太早，教得太宽，顷读毕《书经》，请先生再将《诗经》点读一遍，夜间讲《纲鉴》，正史约已讲至"秦商鞅开阡陌"。

男谨禀

道光二十九年四月十六日

译　文

儿子国藩跪着禀告父母亲大人万福金安：

　　四月十四日，接到父亲三月初九日手谕和叔父大人贺喜手示、四弟家信，得知祖父病体没有好，而且一天天加重，父亲、叔父领着诸位兄弟已经服侍三年，不分昼夜，没片刻松懈。只有儿子我，远离膝下，没有尽一天孙子的职责，罪责太深重了。听说华弟、荃弟文思大有进步，葆弟的文章得到华弟的讲改指点，也一日千里，远方亲人听了，非常欣慰。

　　儿子近来身体不太好，稍微用心，脸上的癣便发了出来。医生都说是心亏血热，以至不能养肝，热极生风，阳气上肝，所以表现在脸上。儿子担心太严重，不能入见皇上，所以不敢劳累，谨守大人保养身体的训示，隔一天到衙门去办公事，其余时间在家不随便出门。现在衙门的事儿子都熟悉了。属下各个部门官员对儿子都很佩服，上下水乳交融，同龄人之间也很和谐。儿子虽终身在礼部衙门，为国家办照例之事，丝毫不敢马虎松懈，一概按规矩办理，也是我发自内心的愿望。

　　英夷在广东，今年又请入城；徐总督办理有方，外国人折服，竟不入城，从此永无夷祸，皇上喜悦得很。相命先生每每说皇上这几年交上了劫财运，去年冬天才脱离。皇上也常对臣子们说，今年的气象果然昌盛太平，真是国家的福气。

儿妇和孙女辈都好，长孙纪泽因为发蒙太早，教得太宽，近已读完《书经》，请先生再把《诗经》点读一遍，晚上讲《纲鉴》，正史大约已讲到秦商鞅开阡陌。

儿子谨禀

道光二十九年四月十六日

解 析

这是曾国藩写给父母的信（本书稍有删节），除了聊家常外，曾国藩流露出未能对父母尽孝的愧疚和忠孝不能两全的遗憾。说到身体状态时，强调自己为国办公"不苟不懈"的"深愿"，体现出他做人做事不马虎、不懈怠的君子修养和作风，这正是历代先贤勤业、敬业美德的体现。

五、修身篇 致沅弟季弟·必须自立自强

原 文

沅弟、季弟左右：

沅于人概、天概之说不甚厝意，而言及势利之天下，强凌弱之天下，此岂自今日始哉？盖从古已然矣。

从古帝王将相，无人不由自立自强做出，即为圣贤者，亦各有自立自强之道，故能独立不惧，确乎不拔。昔余往年在京，好与诸有大名大位者为仇，亦未始无挺然特立，不畏强御之意。

近来见得天地之道，刚柔互用，不用偏废，太柔则靡，太刚则折。刚非暴戾之谓也，强矫而已；柔非卑弱之谓也，谦退而已。趋事赴公，则当强矫；争名逐利，则当谦退。开创家业，则当强矫；守成

安乐，则当谦退。出与人物应接，则当强矫；入与妻孥享受，则当谦退。

若一面建功立业，外享大名，一面求田问舍，内图厚实，二者皆有盈满之象，全无谦退之意，则断不能久。此余所深信，而弟宜默默体验者也。

同治元年五月廿八日

译 文

沅、季弟左右：

沅弟对"斗装得超满了，人就会去刮平它；人要是所得过多了，老天就会来刮平它"的说法，不以为然。而说到势利的天下，以强凌弱的天下，这难道是从今天才开始的吗？自古以来就是这样。

古代的帝王将相，没有一个人不是靠自强自立拼搏出来的。就是圣人、贤者，也各有自强自立的道路。所以能够独立而不惧怕，确定而坚忍不拔。我过去在京城，喜欢与有大名声、有高地位的人作对，就是要有些傲然自立、不畏强暴的意思。

近来悟出天地间的道理，刚柔互用，不可偏废。太柔就会颓废，太刚就会折断。刚不是暴戾的意思，强势矫正罢了。柔不是卑下软弱的意思，谦虚退让罢了。办事情、赴公差要强势，争名夺利要谦退；开创家业要强势，守成安乐要谦退；出外与别人处理关系要强势，在家与妻儿享受要谦退。

如果一方面建功立业、外享盛名，一方面又要买田建屋、追求厚实舒服的生活，那么，两方面都有满盈的征兆，完全缺乏谦退的理念，那决不能长久。这是我所深信不疑，而弟弟们应该默默地体会的！

同治元年五月二十八日

解 析

这是曾国藩写给两位弟弟的信，说出了修身处世两方面的三个问题。一是人要自强自立、不畏强暴。历来的成功者，不管是帝王将相，还是圣贤达人，无不如此。二是要能够刚柔兼备，太刚了容易折断，太柔了容易颓废，都成不了事。三是人生齐家治国都要讲分寸，不宜过分，要懂得"谦退"，一旦"满盈"必不能长久。其实这三点，都是历代贤达修齐治平不可或缺的优秀品德。

六、治家篇　禀父母・述家和万事兴

原 文

男国藩跪禀父母亲大人万福金安：

六弟实不羁之才，乡间孤陋寡闻，断不足以启其见识而坚其心志。且少年英锐之气不可久挫，六弟不得入学，即挫之矣；欲进京而男阻之，再挫之矣；若又不许肄业省城，则毋乃太挫其锐气乎？伏望上大人俯从男等之请，即命六弟、九弟下省读书。其费用男于二月间付银二十两至金竺虔家。

夫家和则福自生，若一家之中，兄有言弟无不从，弟有请兄无不应，和气蒸蒸而家不兴者，未之有也。反是而不败者，亦未之有也。伏望大人察男之志，即此敬禀叔父大人，恕不另具。六弟将来必为叔父克家之子，即为吾族光大门第，可喜也。谨述一二，余俟续禀。

道光二十三年正月十七日

家训家书与中华美德传承

男国藩跪禀父母亲大人万福金安：

六弟实际是一个不愿受约束的人，由于乡里条件差、见闻少，一定不能够启迪他的见识，坚定他的志向。并且年轻人有一股锐气，不可以久受挫折。他不能入学，已是挫折了；想进京又受阻止，再次受挫；如果又不准他去省城读书，不是太挫他的锐气了吗？希望父母大人听从儿子等人的请求，叫六弟九弟到省城读书，他们的学费儿子我在二月间付二十两银子到金竺虔家里。

家庭和睦，那福泽自然而生。如果一家之中，哥哥说了的话，弟弟无不奉行，弟弟有请求，哥哥总是答应，充满和气而家道不兴旺的，从来没有见过；反之，如果不失败，也从来没有见过。希望父母亲大人体谅儿子的心志！就以这封信禀告叔父大人，恕我不另写了。六弟将来必定是叔父家能承继家事和祖业的人，为我们家族争光，这是可喜可贺的事情。谨向父母亲大人禀告，其余的容以后再禀告。

道光二十三年正月十七日

这是一封写给父母的信（本书选用时略作删节），主要说了两个观点：一是要保护年轻人的锐气，尤其是家里老人，不宜反复挫伤年轻人的积极性。这是在后辈的培养问题上给长辈的提醒。二是家庭和睦，福泽自然而生，家道也必然兴旺。家和万事兴已是中华民族世代相传的治家良言。

七、治家篇　致诸弟·要清白做人

 **原 文**

澄侯、子植、季洪三弟左右：

澄侯在广东前后发信七封，至郴州、耒阳又发二信，三月十一到家以后又发二信，皆已收到。植、洪二弟今年所发三信，亦俱收到。

澄弟在广东处置一切甚有道理。易念园、庄生各处程仪，尤为可取。其办朱家事，亦为谋甚忠，虽无济于事，而朱家必可无怨。《论语》曰："言忠信，行笃敬，虽蛮貊之邦行矣。"吾弟出外，一切如此，吾何虑哉？

贺八爷、冯树堂、梁俪裳三处，吾当写信去谢，澄弟亦宜各寄一书。即易念园处，渠既送有程仪，弟虽未受，亦当写一谢信寄去。其信即交易宅，由渠家书汇封可也。若易宅不便，即手托岱云觅寄。

季洪考试不利，区区得失，无足介怀。补发之案有名，不去复试，甚为得体。今年院试若能得意，固为大幸；即使不遽获售，去年家中既隽一个，则今岁小挫，亦盈虚自然之理，不必抑郁。植弟书法甚佳，然向例未经过岁考者不合选拔。弟若去考拔，则同人必指而目之。及其不得，人不以为不合例而失，且以为写作不佳而黜。吾明知其不合例，何必受人一番指目乎？

弟书问我去考与否，吾意以科考正场为断。若正场能取一等补廪，则考拔之时，已是廪生入场矣；若不能补廪，则附生考拔，殊可不必，徒招人妒忌也。

我县新官加赋，我家不必答言，任他加多少，我家依而行之。如有告官者，我家不必入场。凡大员之家，无半字涉公议，乃为得体。为民除害之说，为辖之属言之，非谓去本地方官也。

曹西垣教习服满引见，以知县用，七月动身还家。母亲及叔父之衣并阿胶等项，均托西垣带回。

去年内赐衣料袍褂，皆可裁三件，后因我进闱考教习，家中叫裁缝做，渠裁之不得法，又窃去整料，遂仅裁祖父、父亲两套。本思另办好料为母亲制衣寄回，因母亲尚在制中，故未遽寄。

权父去年四十晋一，本思制衣寄祝，亦因在制，未遽寄也。兹准拟托西垣带回，大约九月可到家，腊月服阕，即可着矣。

纪梁读书，每日百余字，与泽儿正是一样，只要有恒，不必贪多。澄弟亦须常看《五种遗规》及《呻吟语》，洗尽浮华，朴实谙练，上承祖父，下型子弟，吾于澄弟实有厚望焉！

兄国藩手草

道光二十八年五月初十日

译 文

澄侯、子植、季洪三弟左右：

澄侯在广东前后一共七次写信，到了郴州、耒阳，又写来两封。三月十一日到家以后又写来两封，都已收到。植、洪两位弟弟，今年所寄来的三封信也都收到了。

澄弟在广东处置的一切事务都比较合理。易念园、庄生几处送上路的财物，尤其办得好。办理朱家的事谋划忠诚，虽然不能解决问题，朱家必定不会有怨言。《论语》说："言语忠诚老实，行为忠厚严肃，纵然到了野蛮人国度也行得通。"弟弟在外面，处理一切都能这样，我还有什么顾虑的呢？

贺八爷、冯树堂、梁俪裳三个地方，我理当去信道谢，澄弟也应该各寄一封信去。就是易念园处，他既送了路费，弟弟虽说没有接受，也应该写一封信致谢，信交到易家住宅，由他家一起封寄。如果易宅不方便，就托岱云想办法寄好了。

季洪考试失利，小小的得失，不足以放在心上。补发有名没有去复试，很是得体。今年院试如果考得很好，固然是大好事，就是没有考好，去年家里既然已考上一人，那么今年有点小挫折，也是有盈有亏的自然道理，不必抑郁。植弟书法很好，但从来的惯例，没有经过年考的，不符合选拔条件。弟弟如果去考，那么同考的人必然指责你、盯着你，等到考不取，别人不会认为你是不合惯例而未录取，而是说你写作不佳而落榜。我们明知不合惯例，何必因此受人指责呢？

弟弟信中问我去不去考，我的意见以科场考试的情况来判断：如果正场能考取一等增补廪生，并且马上选拔，那已经取得廪生资格了。如果不能增补廪生，那么作为附生去考，就不必了，只徒然招来别人的妒忌。

咱们县新上任的县官增加赋税，我家不要去干预，随他加多少，我家都照给。如果有告状的，我家不要掺和进去。凡属大官的家庭，要做到没有半个字涉及公庭，才是得体的。为民除害的说法，是指除掉地方官管辖地域内所属之害，不是要除去地方官。

曹西垣教习任职期满，引见之后，用为知县，七月动身回家。母亲和叔父的衣服、阿胶等，都托他带回。

去年赐的衣料袍褂，都可裁三件。后来因为我进闱选拔教习，家里叫裁缝做，裁得不得法，又偷走整段的衣料，结果只裁得祖父、父亲两套。本想另外买好衣料，为母亲制衣寄回，因母亲还在服丧之中，所以没有马上寄回。

叔父去年四十晋一岁，本想做衣祝寿，也因在服丧之中没有急忙寄。现托西垣带回，大约九月可以到家，腊月服丧满后，就可穿了。

纪梁读书，每天百余字，与泽儿正好一样，只要有恒心，不必贪太多。澄弟也须常看《五种遗规》和《呻吟语》，把浮华的习气洗干净，朴实干练，上可继承祖风，下可为子弟做模范，我对澄弟寄予厚望。

兄国藩手草

道光二十八年五月初十

解 析

这是一封写给三个弟弟的信，着重做了两点教诲：一是清白做人。对人生大事眼界要宽、目光要远。二是重恒心、戒浮华、尚朴实。要脚踏实地，持之以恒。这两点都是正人君子养德、处世之精要。

八、治家篇　致诸弟·勿使子侄骄奢淫佚

原 文

澄、温、沅、季四位老弟左右：

十一日，武汉克复之折奉朱批、廷寄、谕旨等件，兄署湖北巡抚，并赏戴花翎。兄意母丧未除，断不敢受官职。若一经受职，则二年来之苦心孤诣，似全为博取高官美职，何以对吾母于地下？何以对宗族乡党？方寸之地，何以自安？是以决计具折辞谢，想诸弟亦必以为然也。

功名之地，自古难居。兄以在籍之官，募勇造船，成此一番事业，名震一时。人之好名，谁不如我？我有美名，则人必有受不美之名者，相形之际，盖难为情。兄惟谨慎谦虚，时时省惕而已。若仗圣主之威福，能速将江西肃清，荡平此贼，兄决意奏请回籍，事奉吾父，改葬吾母。久或三年，暂或一年，亦足稍慰区区之心，但未知圣意果能俯从否？

诸弟在家，总宜教子侄守勤敬。吾在外既有权势，则家中子侄最易流于骄，流于佚，二字皆败家之道也，万望诸弟刻刻留心，勿使后辈近于此二字，至要至要。

罗罗山于十日拔营，智亭于十三日拔营，余十五六亦拔营东下也。余不一一。乞禀告父亲大人叔父大人万福金安。

译　文

澄、温、沅、季四位老弟左右：

十一日武汉克复的折子，收到朱批、廷寄、谕旨等件，为兄荣任湖北巡抚，并且赏戴花翎，为兄的意思，母丧守制还没有到期，绝不敢接受官职，如果一经接受了，那么两年来苦心孤诣谋划的战事，好像都是为了博取高官厚禄，那如何面对我母亲于九泉之下？何以面对宗族乡党？自己的心又何以自安？所以决定写奏折向皇上辞谢，我想弟弟们也一定是这么认为的吧。

官场这个地方，从古至今都是一个生存艰难的地方，为兄作为在籍的官员，招募士勇，修造战船，成就这一番功业，名声震动一时，人追求名誉的念头哪个不一样。我有美名，别人总有得到不好名声的，对比之下，又怎不难为情呢。为兄只有谦虚谨慎，时刻警惕自己，如果仰仗皇上的威福，能够迅速将江西地区敌人肃清，为兄决心奏请皇上批准回家，侍奉父亲，改葬母亲，久则三年，或者一年，也足以多少使我心里感到安慰，但不知道皇上能否批准。

弟弟们在家，总要教育子侄辈遵守“勤敬”二字，我在外有了权势，那么家里的子侄最容易产生骄傲奢侈、放荡不羁的心理。“骄佚”二字正是败家之道，万万希望弟弟们时刻留心，不要让子侄们近这两个字，至关紧要啊！

罗罗山在十日拔营，智亭在十三日拔营，我十五六日也拔营，准备东下，其余不一一写了，请禀告父亲大人叔父大人，祝他们万福金安。

咸丰四年九月十三日

这封信（本书略有删节）是曾国藩写给几位弟弟的，信中曾国藩再一次表明了自己谦虚谨慎的处世态度。当时的曾国藩战功卓著，声誉鹊起，全朝上下，无不重视。在一般人看来，已是功成名就。但曾国藩认为，追求名誉乃人之常情，你在成功的时候，特别是在战功赫赫、名震一时的时候，更应该收敛、低调，避免他人心生忌恨，给自己埋下不测。同时，曾国藩意识到，自己的声誉名望会给远在乡下的家人带来优越感，尤其容易让年轻的子侄们产生骄傲奢侈、放荡不羁的心理，所以嘱咐各位弟弟要教育子侄谨遵"勤敬"，戒除"骄佚"。这种训导所体现出的境界和眼光，很值得当今的人们所体悟，尤其值得家境优沃的年轻人用心理解。

九、治家篇 致四弟·居乡要诀宜节俭

原 文

澄弟左右：

五月四日接弟缄，"书、蔬、鱼、猪，早、扫、考、宝"横写八字，下用小字注出，此法最好，余必遵办，其次序则改为"考、宝、早、扫，书、蔬、鱼、猪"。

目下因拔营南渡，诸务丝集。苏州之贼已破嘉兴，淳安之贼已至绩溪，杭州、徽州十分危急，江西亦可危之至。余赴江南，先驻徽郡之祁门，内顾江西之饶州，催张凯章速来饶州会合。又札王梅村募三千人进驻抚州，保江西即所以保湖南也。又札王人树仍来办营务处。不知七月间可赶到否？若此次能保全江西、两湖，则将来仍可克复，大局安危，所争只有六、七、八、九数月。泽儿不知已起行来营否？弟为余照料家事，总以俭字为主。情意宜厚，用度宜俭，此居家乡之要诀也。

咸丰十年五月十四日

译 文

澄弟左右：

五月四日接到你的信，"书、蔬、鱼、猪，早、扫、考、宝"，横写八个字，下面用小字加注解，这个办法最好，我一定遵命办理。但八个字的次序则改为"考、宝、早、扫，书、蔬、鱼、猪"。

现在因为军队开拔南渡，许多事情集中在一起。苏州的敌军已攻破了嘉兴，淳安的敌军已到绩溪，杭州、徽州十分危急，江西也危险之至。我去江南，首先驻在徽郡的祁门，内顾江西的饶州，催促张凯章赶快来饶州会合。又命令王梅春募三千人进驻抚州。保卫江西就是保卫湖南。又命王人树仍旧来管理营务处，不知道七月间是否可以赶到。如果这次能够保全江西、湖南、湖北，那么将来仍旧可以都克复，大局是安是危，关键是争六、七、八、九几个月。纪泽儿不知道已经动身来军营没有？弟弟为我照料家里事情，总以勤俭为主要，情意要厚重，生活要节俭，这是安居家乡的重要诀窍。

咸丰十年五月十四日

解 析

这是一封写给弟弟的烽火家书，即使战事紧张、公务繁忙，曾国藩仍不忘嘱咐弟弟居家以勤俭为要，"情意要厚重，生活要节俭"。这话初看并不新颖，但要知道，此时的曾国藩已经是战功卓著、声名赫赫的军政要员，想要什么样的生活都轻而易举，在这样的前提下如此勤俭治家，实是难能可贵，为后人树立了谨慎修德、勤俭治家的楷范。

十、治家篇　致沅弟、季弟·做后辈宜戒骄横之心

原　文

沅、季弟左右：

接信，知北岸日内尚未开仗。此间鲍、张于十五日获胜，破万安街贼巢。十六日获胜，破休宁东门外二垒，鲍军亦受伤百余人。正在攻剿得手之际，不料十九日未刻，石埭之贼破羊栈岭而入，新岭、桐林岭同时被破。张军前后受敌，全局大震，比之徽州之失，更有甚焉。

余于十一日亲登羊栈岭，为大雾所迷，目无所睹。十二日登桐林岭，为大雪所阻。今失事恰在此二岭，岂果有天意哉？

目下张军最可危虑，其次则祁门老营，距贼仅八十里，朝发夕至，毫无庶阻。现讲求守垒之法，贼来则坚守以待援师，倘有疏虞，则志有素定，断不临难苟免。

回首生年五十余，除学问未成尚有遗憾外，余差可免于大戾。贤弟教训后辈子弟，总当以勤苦为体，谦逊为用，以药骄佚之积习，余无他嘱。

咸丰十年十月廿日

译　文

沅、季弟左右：

接到来信，知道北岸近日还没有开仗。这边鲍、张在十五日打了胜仗，破了万安街敌巢。十六日打胜仗，破了休宁东门外两个堡垒，鲍军自己也有百多人受伤。正在进攻连连得手的时候，不料十九日未刻，石埭的敌人破了羊栈岭而进入新岭，桐林岭同时被破，张的军队

前后受敌，使整个战局大大震动，比徽州的失败还要严重。

我在十一日亲自登上羊栈岭，为大雾迷住，什么也看不见。十二日又登上桐林岭，为大雪阻碍。现在失败恰好在这两岭，岂不是有天意吗？

眼下张的军队最危急，其次是祁门老营，距离敌军只有八十里，早晨发兵，晚上可到，一点遮盖阻拦都没有。现在只有讲求守堡垒的办法，敌人来了便坚守，等待援军。假使有疏忽，我的志向一直未变，绝对不会临难苟且偷生。

回忆自出生以来五十多年，除了学问没有完成还有点遗憾外，其余都可以免于大错。贤弟教训后辈子弟，总应当以勤苦为大政方针，以谦逊为实用方法，以此来医治骄奢淫逸这些坏习惯，其余没有什么嘱托的了。

咸丰十年十月二十日

解 析

这是一封写于战事危急，甚至前途未卜情况下的家书，曾公一上来就开始写战事危急，最后笔锋一转，回忆五十多年的人生，嘱咐弟弟要"以勤苦为体、谦逊为用"，戒除"骄奢淫逸"的恶习。这些在人生紧要关头表达出的嘱托，意蕴丰富，情深义重，令人感动。

十一、治家篇　致四弟·教子侄做人要谦虚勤劳

原 文

澄侯四弟左右：

自十一月来，奇险万状，风波迭起。文报不通者五日，饷道不通者二十余日。自十七日唐桂生克复建德，而皖北沅、季之文报始通。自鲍镇廿八日至景德镇，贼退九十里，而江西饶州之饷道始通。若

左、鲍二公能将浮梁、鄱阳等处之贼逐出江西境外，仍从建德窜出，则风波渐平，而祁门可庆安稳矣。

余身体平安。此一月之惊恐危急，实较之八月徽、宁失时险难数倍。余近年在外，问心无愧，死生祸福，不甚介意。惟接到英、法、美各国通商条款，大局已坏，兹付回二本，与弟一阅。时事日非，吾家子侄辈总以谦勤二字为主。戒傲戒惰，保家之道也。

咸丰十年十二月初四日

译 文

澄侯四弟左右：

自从十一月以来，战事是奇险万状，风波一个接一个。通讯不畅达五天之久，粮饷运输不通有二十多天。自十六日唐桂生攻下建德，而安徽北部沅、季弟弟的文报才开始通行，自从鲍镇二十八日到景德镇，敌军退了九十里，而江西饶州的粮饷运输才开始通畅。如果左、鲍两公能够把浮梁、鄱阳等处的敌军赶出江西境外，仍旧从建德逃窜出走，那么风波逐渐平息，而祁门可喜保安稳了。

我身体平安，这一个月中的惊恐危急，实在比八月徽宁失守时要危险困难几倍。我近年在外面问心无愧，死生祸福都不怎么介意了，只是接到英、法、美各国通商条款，知道大局已是大坏。现寄回两本给你看看。形势一天不如一天，我家的子侄们总要以谦、勤两个字为主要，戒掉骄傲懒惰，这是保全家庭平安无事的办法啊！

咸丰十年十二月初四日

解 析

这封信与上一封内容相近，国内战局不稳，外强恶意施压，曾国藩向弟弟传授"保家之道"，就是要坚守谦恭和勤劳，戒掉骄傲和懒惰。其实，就凭此时曾家的实力，一代人高枕无忧地过日子没有问题。但曾国藩看到的是"大局已坏"，所以传授保家之道，以求长治久安。

十二、治家篇　致四弟·教子弟去骄气惰习

原文

澄侯四弟左右：

　　腊底由九弟处寄到弟信，具悉一切。弟于世事阅历渐深，而信中不免有一种骄气。天地间惟谦谨是载福之道，骄则满，满则倾矣。凡动口动笔，厌人之俗，嫌人之鄙，议人之短，发人之覆，皆骄也。无论所指未必果当，即使一一切当，已为天道所不许。

　　吾家子弟满腔骄傲之气，开口便道人短长，笑人鄙陋，均非好气象。贤弟欲戒子侄之骄，先须将自己好议人短、好发人覆之习气痛改一番，然后令后辈事事警改。

　　欲去骄字，总以不轻非笑人为第一义；欲去惰字，总以不晏起为第一义。弟若能谨守星冈公之八字，三不信，又谨记愚兄之去骄去惰，则家中子弟日趋于恭谨而不自觉矣。

咸丰十一年正月初四日

译文

澄侯四弟左右：

　　十二月底从九弟处寄来你的信，知道一切。弟弟对于世事阅历逐渐加深了，但信里流露出一种骄气。天地之间，只有谦虚谨慎才是通向幸福的路。人一骄傲，就满足；一满足，就失败。凡属动口动笔的事，讨厌人家太俗气，嫌弃人家鄙恶，议论人家的短处，指斥人家失误，就是骄傲。更何况所指所议的未必正当，就是正当切中要害，也为天道所不许可。

我家的子弟满腔骄傲之气，开口便说别人这个短那个长，讥笑别人这个鄙俗那个粗陋，都不是好现象。贤弟要告诫子弟除去骄傲，先要把自己喜欢议论别人短处，讥讽别人失败的毛病痛加改正，然后才可叫后辈的子弟们事事处处警惕，不再犯这个毛病。

要想去掉骄字，以不轻易非难讥笑别人为第一要义。要想去掉惰字，以早起为第一要义。弟弟如果能够谨慎遵守星冈公的八字诀和三不信，又记住愚兄的去骄去惰的话，那家里子弟不知不觉地便会一天比一天近于恭敬、谨慎了。

咸丰十一年正月初四日

解 析

这是一封给弟弟的回信，曾国藩从收到的弟弟的信中，发现他有议论别家长短、讥笑他人鄙陋的骄傲之气，便马上回信，训导弟弟要痛改议论讥笑别人的毛病，并教育家族后辈子弟不再重蹈覆辙。曾国藩认为：人一骄傲就会自满，一自满就要栽跟头，因为这是天道所不容的。再三告诫家里子弟去骄去惰、恭敬谨慎，这些为世代圣人君子所遵从的美德，至今仍有重要价值。

十三、理财篇 致诸弟·节俭置田以济贫民

原 文

澄侯、温甫、子植、季洪四位老弟足下：

乡间之谷贵至三千五百，此亘古未有者，小民何以聊生？吾自入官以来，即思为曾氏置一义田，以赡救孟学公以下贫民；为本境置义田，以赡救二十四都贫民。不料世道日苦，予之处境未裕。无论为京官者自治不暇，即使外放，或为学政，或为督抚，而如今年三江两湖

之大水灾，几于鸿嗷半天下。为大官者，更何忍于廉俸之外多取半文乎？是义田之愿，恐终不能偿。然予之定计，苟仕宦所入，每年除供奉堂上甘旨外，或稍有盈余，吾断不肯买一亩田，积一文钱，必皆留为义田之用。此我之定计，望诸弟体谅之。

今年我在京用度较大，借账不少。八月当希六及陈体元捐从九品，九月榜后可付照回，十月可到家。十一月可向渠两家索银，大约共须三百金。我付此项回家，此外不另附银也。率五在永丰有人争请，予闻之甚喜。特书手信与渠，亦望其忠信成耳。

国藩手草

道光二十九年七月十五日

译 文

澄侯、温甫、子植、季洪四位老弟足下：

乡间的谷子贵到三千五百，这是自古以来没有的，老百姓靠什么谋生？我自从当官以来，就想为曾氏置办一处义田，以救助孟学公以下的贫民。为本地置办义田，以救助二十四都贫民，不料世道越来越艰苦，我的处境没有富裕，不要说京官自己打理自己还来不及；就是外放当官，或做学政，或做督抚，赶上像今年三江两湖的大水灾，老百姓悲惨的哀叫声几乎响彻半空。做了大官的，便又何忍在俸禄之外多拿半文呢？所以义田的愿望恐怕难以很快实现。然而，我的计划，如果官俸收入每年除供堂上大人的所需之外稍有盈余，我决不肯买一亩田，积蓄一文钱，一定会留下做义田的资金，我已下决心，希望弟弟们体谅。

今年我在京城花费比较大，借钱不少。八月要为希六和陈体元捐一个九品官，九月发榜后可把执照寄回，十月可到家，十一月可向他两家取钱，大约共需三百两银子。我寄这些回家，此外不另寄钱了。率五在永丰有人争着请，我听了很高兴，特别写了一封信给他，也希望他忠信自立。

国藩手草

道光二十九年七月十五日

　　曾国藩通过给弟弟们的这封信，表达了自己的夙愿，并以此来教育弟弟们要救助穷困。扶困济贫是历来圣贤君子的善举，尤其是遇到灾害，对贫困者施以援手是人性良知的体现，也是最高尚的美德。

十四、曾国藩遗嘱

原　文

　　余通籍三十余年，官至极品，而学业一无所成，德行一无可许，老人徒伤，不胜悚惶惭赧。今将永别，特立四条以教汝兄弟。

　　一曰慎独则心安。自修之道，莫难于养心；养心之难，又在慎独。能慎独，则内省不疚，可以对天地质鬼神。人无一内愧之事，则天君泰然，此心常快足宽平，是人生第一自强之道，第一寻乐之方，守身之先务也。

　　二曰主敬则身强。内而专静统一，外而整齐严肃，敬之工夫也；出门如见大宾，使民为承大祭，敬之气象也；修己以安百姓，笃恭而天下平，敬之效验也。聪明睿智，皆由此出。庄敬日强，安肆日偷。若人无众寡，事无大小，一一恭敬，不敢懈慢，则身体之强健，又何疑乎？

　　三曰求仁则人悦。凡人之生，皆得天地之理以成性，得天地之气以成形，我与民物，其大本乃同出一源。若但知私己而不知仁民爱物，是于大本一源之道已悖而失之矣。至于尊官厚禄，高居人上，则有拯民溺救民饥之责。读书学古，粗知大义，即有觉后知觉后觉之责。孔门教人，莫大于求仁，而其最初者，莫要于欲立立人、欲达达人数语。立人达人之人有不悦而归之者乎？

四日习劳则神钦。人一日所着之衣所进之食，与日所行之事所用之力相称，则旁人韪之，鬼神许之，以为彼自食其力也。若农夫织妇终岁勤动，以成数石之粟数尺之布，而富贵之家终岁逸乐，不营一业，而食必珍馐，衣必锦绣。酣豢高眠，一呼百诺，此天下最不平之事，鬼神所不许也，其能久乎？古之圣君贤相，盖无时不以勤劳自励。为一身计，则必操习技艺，磨练筋骨，困知勉行，操心危虑，而后可以增智能而长才识。为天下计，则必己饥己溺，一夫不获，引为余辜。大禹、墨子皆极俭以奉身而极勤以救民。勤则寿，逸则夭，勤则有材而见用，逸则无劳而见弃，勤则博济斯民而神祇钦仰，逸则无补于人而神鬼不歆。

此四条为余数十年人世之得，汝兄弟记之行之，并传之于子子孙孙。则余曾家可长盛不衰，代有人才。

译 文

我步入仕途三十多年，当官当到了最大，而学业没有什么造诣，德行也没有什么可嘉奖的，人也老了，徒自悲伤，非常惶恐惭愧。今天就要永远地分别了，特地立下四条遗训教导诸位兄弟。

第一，一个人独处时心灵、言行谨慎就能在为人处世时做到心安理得。修身养性做人的道行最难的就是滋养心灵，滋养心灵中最难的就是做到在一个人独处时意念、言行谨慎。能够在一个人独处时意念、言行谨慎，就可以问心无愧，就可以对得起天地良心和鬼神的质问。一个人在独处时没有一件问心有愧的事，那么他就会觉得内心安稳，心情也会是快乐满足、宽慰平安的，这是人生中最好的自强之道和获得快乐的方法，也是做到守身如玉的前提。

第二，待人接物态度恭敬就能使身心强健。内心专一宁静、浑然一体，外表衣着整齐、态度严谨，这是待人接物态度恭敬的锻炼方式；出门就像要去拜访尊贵的客人，就像老百姓在祭祀祖先时所表现出的恭敬样子，这是待人接物态度恭敬的气氛。想要凭借自己的修养来安抚老百姓，必须虔诚恭敬才能让老百姓信服，这是待人接物态度恭敬的效果。有智慧的人，因为他们为人处世态度恭敬，所以总能够修身齐家治国平天下。待人接物态度庄重恭敬，就会愈加强大，为人处世态度傲慢无礼，就会与日衰亡。如果能做到无论对某个人还是某群人、对小事还是大事都态度恭敬，不敢有丝毫松懈怠慢，那么自己身体和内心日益强健又有什么可怀疑的呢？

第三，讲究仁爱就能使人心悦诚服。天下所有人的生命，都是得到了天地的机理才成就了他的品性，都是得到了天地的气息才成就了他的形象，我和普通老百姓相比，对于生命来说其实都是一样的。假如我只顾自私自利而不对老百姓仁爱、对万物怜惜，那么就是违背并丧失了生命的意义。至于享有丰厚俸禄、尊贵的官位，地位崇高凌驾于众人之上，就应该承担起拯救老百姓于水深火热和饥寒交迫之中的责任。读古书学习先人的思想，大概知道了古书中的意思，就应该有让后来人领悟先圣正确思想的责任。孔门儒学教育子弟，没有不要求子弟讲究仁爱的，而讲究仁爱最基础的就是，要成就自己首先就要成就他人，要富贵自己首先就要富贵他人。能够成就他人、富贵他人的人，人们哪会有不心悦诚服而不归顺于他的呢？

第四，努力工作、辛勤劳动就能得到神灵的钦佩和帮助。一个人每天所穿所吃，能做到与自己每天所做的事情、所下的力气相匹配，就会得到旁人的认可和神灵的赞许，这是因为他是在靠自己的本事吃饭。假如普通人家男耕女织，一年到头辛苦劳动才有了几担谷和几匹布的收入，而富贵人家却一年到头安逸快乐，不做一件事情而吃的是山珍海味，穿的是绫罗绸缎。酒醉以后像猪一样呼呼大睡，醒来后他一呼百应，这是天底下最不公平的事情，连神灵都不会允许他如此胡作非为，这种人家是可能长治久安的吗？古代圣明的帝王和贤良的大臣，没有一个不是用勤劳工作来勉励自己。如果从个人安身立命的角度来说，就应该努力操练和学习技术本领，锻炼自己的体魄，感觉到自己知识太少就加倍努力去学习，时刻居安思危，这样才能做到提高学识增长才干。如果从为天下百姓着想的角度来说，就应该让普天下的百姓都吃饱穿暖，不再处于水深火热之中，真正做到以天下为己任。大禹、墨子大都崇尚个人生活节俭，而对于工作应该特别努力，辛勤劳动以使自己丰衣足食。辛勤劳动的人长寿，安逸享受的人短寿，勤劳的人因为才学而为社会有所用，安逸享受的人因为不劳动、毫无才干而被社会所淘汰，一个人努力工作，就会因为创造财富，给别人带来好处，而使神灵都对他钦佩；一个人贪图安逸享乐，就不会创造财富，不能给别人带来好处从而使神灵都对他感到厌恶。

以上四条是我几十年人生宝贵经验，诸位兄弟谨记在心、遵照执行，并代代相传，直至子孙后代。这样的话，咱们曾家就可以长盛不衰，人才辈出。

解析

曾国藩遗嘱虽是曾公去世前公布的，但却是他在心中酝酿许久的教诲之言。既是曾国藩进德修身的人生总结，也是他为人处世的体会心得，更是他训导后辈的苦口良言，可以说是情深意切、语重心长。

一是慎独则心安。在曾国藩看来，一个人要修行，最难的是修心，修心最难的是慎独，慎独才能心安。曾家先贤曾子曰："十目所视，十手所指，其严乎。"意思是说：在大庭广众之下，有着严格的监督。人们做事情自然慎重，不愿让事情出错误，也不愿冒着被大家看到抓到的危险谋取私利。但在独处的时候，没有人监督，人其实更要慎重。

所谓君子坦荡荡，就是在检省自己的时候能够心灵安稳、没有愧疚，可以坦坦荡荡地面对天地神灵。自己的内心就会愉快、欣慰、平稳，这是人自立快乐的源泉，是立心守身的基础。

二是主敬则身强。敬就是恭敬，要做到态度严肃、内心专注、衣着整洁，庄重严谨地为人处世，那么掌握的知识就会与日俱增。如果能做到无论对个人还是对集体、大事小情都能态度恭敬而不懈怠，那么身心就会因为得到磨炼而更加强健。只要持之以恒地下功夫，不断提高自己，敬事必能成事。

三是求仁则人悦。仁爱的人会给世界带来快乐，因为每个人的生命都遵循着天地的道理，无论官员还是百姓都同是世间生灵，如果只知道满足自己的私心而不知道爱护他人，那么就违背了天道，这种人不会得到神灵的庇护，生命不会长久。具有仁心的人，就是要使得生命能够生长，得以发展。

人与人也是如此。论语里讲："己欲立而立人，己欲达而达人。"意思是说：想成就自己首先就要成就他人，要想让自己富贵首先就要让他人富贵。大家都得到发展，别人快乐，自己也才能快乐。

四是习劳则神钦。如果一个人每天的吃穿用度与他每天所做的事、所出的力相当，则会得到他人的赞同，连神灵也会称许。对自己而言，学习技艺，强健筋骨，在困境中奋力拼搏，可以磨炼心智、增长才干。对社会而言，可以救百姓于水深火热、饥寒交迫之中。而古代的圣君贤相，也无不以勤劳自勉。所以，辛勤工作可以提高自己的能力，因为对他人有价值而为社会所用。相反，安逸无能的人终究会因为对别人毫无价值被社会所抛弃。

曾国藩说："此四条为余数十年人间之得，汝兄弟记之行之，并传之于子子孙孙。则余曾家可长盛不衰，代有人才。"其实，岂止曾氏一族，若真如此，对其他人也同样适用。

第十八章

张之洞《诫子书》

汝纵患不能自立，勿患人之不己知。

——张之洞

张之洞（1837—1909），字孝达，号香涛。直隶南皮（今河北沧州南皮）人，生于贵州兴义府（今贵州省安龙县）。清同治二年（1863）中进士，授翰林院编修。历任内阁学士、山西巡抚、两广总督、湖广总督、两江总督、军机大臣等职。张之洞是清末重要的政治家，清流派中坚，洋务运动后殿，也是晚清推行新政的重要人物，他兼容新旧、与时俱进，所提出的"中体西用"主张，对近现代思想文化界产生了巨大的影响。其遗著辑为《张文襄公文集》。

《诫子书》是脍炙人口的励志名篇，作者以此勉励儿子戒除荒唐恣纵、勤学立志、早日成才。

原 文

吾儿知悉：

汝出门去国，已半月余矣。为父未尝一日忘汝。父母爱子，无微不至，其言恨不一日离汝，然必令汝出门者，盖欲汝用功上进，为后日国家干城之器，有用之才耳。

方今国事扰攘，外寇纷来，边境屡失，腹地亦危。振兴之道，第一即在治国。治国之道不一，而练兵实为首端。汝自幼即好弄，在书房中，一遇先生外出，即跳掷嬉笑，无所不为，今幸科举早废，否则汝亦终以一秀才老其身，决不能折桂探杏，为金马玉堂中人物也。故学校肇开，即送汝入校。当时诸前辈犹多不以然，然余固深知汝之性情，知决非科甲中人，故排万难送汝入校，果也除体操外，绝无寸进。

余少年登科，自负清流，而汝若此，真令余愤愧欲死。然世事多艰，习武亦佳，因送汝东渡，入日本士官学校肄业，不与汝之性情相违。汝今既入此，应努力上进，尽得其奥。勿惮劳，勿恃贵，勇猛刚毅，务必养成一军人资格。汝之前途，正亦未有限量，国家正在用武之秋，汝纵患不能自立，勿患人之不己知。志之志之，勿忘勿忘。

抑余又有诫汝者，汝随余在两湖，固总督大人之贵介子也，无人不恭待汝。今则去国万里矣，汝平日所挟以傲人者，将不复可挟，万一不幸肇祸，反足贻堂上以忧。汝此后当自视为贫民，为贱卒，苦身戮力，以从事于所学。不特得学问上之益，且可藉是磨练身心，即后日得余之庇，毕业而后，得一官一职，亦可深知在下者之苦，而不致自智自雄。余五旬外之人也，服官一品，名满天下，然犹兢兢也，常自恐惧，不敢放恣。

汝随余久，当必亲炙之，勿自以为贵介子弟，而漫不经心，此则非余所望于尔也，汝其慎之。寒暖更宜自己留意，尤戒有狭邪赌博等行为，即幸不被人知悉，亦耗费精神，抛荒学业。万一被人发觉，甚或为日本官吏拘捕，则余之面目将何所在？汝固不足惜，而余则何如？更宜力除，至嘱！

余身体甚佳，家中大小亦均平安，不必系念。汝尽心求学，勿妄外骛。汝苟竿头日上，余亦心广体胖矣。

父涛示

五月十九日

译 文

吾儿知悉：

你离家出国，已经有半个多月了。我每天都记挂着你。父母爱子，无微不至，真恨不得每天都在你身边，但又必须让你出门离家，因为盼望你能用功上进，将来能成为国家的栋梁、有用的人才啊。

现在国家正处在纷乱时期，外寇纷纷入侵，疆土接连失陷，国家腹地也危在旦夕。想要振兴国家，最重要的是治理好国家。治理好国家的办法不止一个，训练军队实在是首要的良策。你从小就贪玩好动，在书房中，老师一旦离开，你就跳起来打闹嬉笑，什么事情都干。如今科举已废除，否则你最多也就只能以一个秀才的身份混到老，不可能金榜题名，成为朝廷所需要的官员。所以学校刚一设立，我就送你入学。那时还有很多前辈不认可这样的做法，但我十分了解你的脾气秉性，知道你一定不是科举之人，所以排除各种困难送你入学读书，果然除体操外，其他的没一点儿长进。

我少年科举成功，自己觉得步入清廉名流的行列。如果要是像你那样，早就愤懑愧疚得无地自容。现在世事艰险，习武很好，因此送你东渡日本求学，进士官学校进修，这样也符合你的脾气禀性。你现在已经入学，应该努力上进，要把军事上的精髓全部学会。不要畏惧辛劳，不要自恃高贵，要勇猛刚毅，务必要把自己培养成真正的军人。你的前程不可限量，国家正处在急需军人保卫祖国的关口，你只需要担心自己能不能够成才，不需担心别人了不了解自己。一定记住，千万别忘。

我还有要告诫你的事情，你和我一起在湖南湖北，自然是总督大人的尊贵公子，没有人会不恭敬地对待你。而现在你已经离开祖国万里之遥，你平时凭借的轻视其他人的资本，将会不存在了，万一大意惹出祸端，反而让我们十分担忧。你今后应该把自己看成是贫苦的普通百姓，看成是地位低下的一般士兵，吃苦尽力，来面对求学时遇到的问题。这不光是学问上的长进，而且可以以此磨炼身心，就算将来得到我的照顾，毕业之后谋得一官半职，也要深切了解社会底层百姓的艰苦，而不至于自认为聪明，比别人优秀。我已经是五十岁开外的人了，官居一品，天下闻名，但还是要小心谨慎，常常担心自己做错事，不敢恣意放纵。

你跟随我的时间很长了，我一定会亲自悉心调教训导你，不要自认为是富贵公子，就随便放纵，全不在意，这不是我对你的希望，你一定要谨慎啊。天气冷暖更要自己注意，尤其不要干嫖娼赌博等丑事，即使不被人知道，也耗费时间荒废学业，万一被人知道，甚至有可能被日本警察拘捕，那我的脸面往哪里放？那样的话，你是不值得可惜，那我又能够怎么办呢？你一定要根除我所嘱咐的这些事。

我的身体很好，家里的老老少少也都平安，你不必挂念。你要尽心求学，不要随便在外边乱跑。你如果能百尺竿头，天天进步，我也就精神爽快，身体舒泰了。

父涛示

五月十九日

解 析

《诫子书》是张之洞写给出国在外儿子的家书。张公子从小就是个顽主，不是读书的材料，张之洞为了孩子的前途，把他送到日本士官学校习武，一方面"不与汝之性情相违"，一方面"国家正在用武之秋"，可以说盼望儿子成为"有用之才"心切，其谆谆教诲，不可谓不语重心长。其中要点有三：

一是阐明为什么要送孩子去日本上士官学校求学，剖析国家形势，罗列孩子实际，把做父亲的不得已和良苦用心和盘托出，动之以情、晓之以理。

二是训诫儿子不要"自以为贵介子弟"，要"自视为贫民，为贱卒，苦身戮力，以从事于所学"，"勿妄外骛"，希望儿子能够得到磨炼、增长才干。

三是嘱咐儿子应该干什么、不应该干什么，所谓"当必亲炙之"，用心何其良苦。

由此我们不仅可以清楚地看到，张之洞作为清流领袖的人品和作为一代名臣的人生境界，也感悟到先贤治家的手段和心胸。

第十九章

《梁启超家书》

一个人想要交友取益，或读书取益，也要方面稍多，才有接谈交换，或开卷引进的机会。

——梁启超

题 解

梁启超（1873—1929），字卓如，一字任甫，号任公，又号饮冰室主人。清朝光绪年间举人，中国近代思想家、教育家、文学家，戊戌变法领袖之一，中国近代维新派代表人物。梁启超于戊戌变法前与康有为一起联合各省举人发动"公车上书"运动，失败后，终身致力于中国社会的改造，为了民族强盛和国家繁荣，竭力呐喊，四处奔走，付出全部心血。其政治主张却又因时而异，多有变化。

梁启超颇像法国启蒙时期的伏尔泰，堪称中国近代的一位百科全书式的人物，著述包含文学、历史、哲学、法学等方面，字数高达一千五百余万字。梁启超共育有九个子女，所谓"一门三院士，九子皆才俊"，如傅斯年先生言："梁任公之后嗣，人品学问，皆中国之第一流人物，国际知名。"这直接得益于梁家的门风和家教。梁启超自民国初年至其离世，写给他孩子们的家书有三百多封。正如其子梁思礼所说："这是我们兄弟姐妹的一笔巨大财富，也是社会的一笔巨大财富。"梁启超独特的教子良方，今天看来，依然是中国近代家庭教育的一座富矿。

原 文

思成再留美一年，转学欧洲一年，然后归来最好。关于思成的学业，我有点意见。思成所学太专向了，我愿意你趁毕业后一两年，分出点光阴多学些常识，尤其是文学或人文科学中之某部门，稍为多用点工夫。我怕你所学太专门之故，把生活也弄成近于单调，太单调的生活，容易厌倦，厌倦即为苦恼，乃至堕落之根源。再者，一个人想要交友取益，或读书取益，也要方面稍多，才有接谈交换，或开卷引进的机会。不独朋友而已，即如在家庭里头，像你有我这样一位爹爹，也属人生难逢的幸福，若你的学问兴味太过单调，将来也会和我相对词竭，不能领着我的教训，生活中本来应享的乐趣，也削减不少了。我是学问趣味方面极多的人，我之所以不能专职有成者在此。然而我的生活内容，异常丰富，能够永久保持不厌不倦的精神，亦未始不在此。我每历若干时候，趣味转过新方面，便觉得像换个新生命，如朝旭升天，如新荷出水，我自觉这种生活是极可爱的，极有价值的。我虽不愿你们学我那泛滥无归的短处，但最少也想你们参采我那烂漫向荣的长处（这封信你们留着，也算我自作的小小像赞）。我这两年来对于我的思成，不知何故常常有异兆的感觉，怕他渐渐会走入孤峭冷僻一路去。我希望你回来见我时，还我一个三四年前活泼有春气的孩子，我就心满意足了。

这种境界，固然关系人格修养之全部，但学业上之熏染陶熔，影响亦非小。因为我们做学问的人，学业便占却全部生活之主要部分。学业内容之充实扩大，与生命内容之充实扩大成正比例。所以我想医你的病，或预防你的病，不能不注意及此。这些话许久要和你讲，因为你没有毕业以前，要注重你的专门，不愿你分心，现在机会到了，不能不慎重和你说。你看了这信，意见如何（徽音意思如何），无论校课如何忙迫，是必要回我一封稍长的信，令我安心。

民国十六年（1927）八月二十九日

解　析

这封家书是在梁思成面临人生立志、事业选择之时，作为父亲的梁启超以平等温婉的口吻将自己的人生感悟和建议传递给了他。这里有三点值得关注：

一是与孩子沟通交流的姿态和口吻，体现出鲜明的平等友好态度，父子的亲情，挚友的亲善，这与传统父亲写给儿子的家书中的姿态和口吻不同，尤其是信中不乏关切的严肃和态度的认真。

二是体现出来的人生态度。在梁启超看来，人生是丰富多彩、历久弥新的，不要因为一门学问或专业放弃人生的多彩、情趣和新鲜感，"我希望你回来见我时，还我一个三四年前活泼有春气的孩子，我就心满意足了"。这种通达和大气，无异于"淡泊以明志"，怎能不培育出大才。

　　三是现身说法，以自己的人生经验动之以情、晓之以理，读起来格外亲切，有说服力。这封家书应该成为当代人教育子女的范例。

第二十章

《傅雷家书》

学问第一，艺术第一，真理第一，爱情第二。

——傅雷

傅雷（1908—1966），字怒安，号怒庵，生于原江苏省南汇县下沙乡（今上海市浦东新区航头镇），中国翻译家、作家、教育家、美术评论家。傅雷早年留学法国巴黎大学，翻译了大量的法文作品，主要有巴尔扎克、罗曼·罗兰、伏尔泰等名家著作。傅雷在"文化大革命"之初，由于不堪忍受凌辱和迫害，于1966年9月3日凌晨，愤而离世，夫人朱梅馥亦自缢身亡。

他的全部译作，经家属编定为《傅雷译文集》，共15卷。《傅雷家书》是傅雷和夫人写给傅聪、傅敏等的家信，共247封，写信时间为1954年至1966年6月。

关于《傅雷家书》的内容，傅雷在给傅聪的信里这样说："第一，我的确把你当作一个讨论艺术、讨论音乐的对手；第二，极想激出你一些青年人的感想，让我做父亲的得些新鲜养料，同时也可以间接传布给别的青年；第三，借通信训练你的——不但是文笔，而尤其是你的思想；第四，我想时时刻刻，随处给做个警钟，做面'忠实的镜子'，不论在做人方面，在生活细节方面，在艺术修养方面，在演奏姿态方面。"可见，作为父亲，傅雷是希望儿子知道国家的荣辱，通晓艺术的尊严，能够用严肃的态度对待一切，做一个"德艺俱备、人格卓越的艺术家"。

一、1954年3月24日上午

在公共团体中，赶任务而妨碍正常学习是免不了的，这一点我早料到。一切只有你自己用坚定的意志和立场，向领导婉转而有力的去争取。否则出国的准备又能做到多少呢？特别是乐理方面，我一直放心不下。从今以后，处处都要靠你个人的毅力、信念与意志——实践的意志。

另外一点我可以告诉你：就是我一生任何时期，闹恋爱最热烈的时候，也没有忘却对学问的忠诚。学问第一，艺术第一，真理第一，爱情第二，这是我至此为止没有变过的原则。你的情形与我不同：少年得志，更要想到"盛名之下，其实难副"，更要战战兢兢，不负国人对你的期望。你对政府的感激，只有用行动来表现才算是真正的感激！我想你心目中的上帝一定也是Bach（巴赫）、Beethoven（贝多芬）、Chopin（肖邦）等人第一，爱人第二。既然如此，你目前所能支配的精力与时间，只能贡献给你第一个偶像，还轮不到第二个神明。你说是不是？可惜你没有早学好写作的技术，否则过剩的感情就可用写作（乐曲）来发泄，一个艺术家必须能把自己的感情"升华"，才能于人有益。我绝不是看了来信，夸张你的苦闷，因而着急；但我知道你多少是有苦闷的，我随便和你谈谈，也许能帮助你廓清一些心情。

解 析

这是傅雷写给儿子傅聪的信，从生活、艺术、做人等几个方面与儿子谈话式地沟通，既是父亲的谆谆教诲，又像挚友间的促膝而谈。概括起来有四点：

一是针对儿子少年得志的情况，提醒孩子更要战战兢兢，越是春风得意，越要小心谨慎。

二是训导傅聪，艺术家不能仅仅滞留在人的情感层面，要使自己的情感升华，更富于理性，"才能于人有益"。

三是不能只是心中有想法，要勇于行动，"只有事实才能证明你的心意"。

四是传授自己做人的经验和体会，所谓"艺术第一，学问第一，真理第一，爱情第二"，嘱咐儿子把精力首先放在事业上。

二、1955年12月21日晨

原　文

亲爱的孩子：

今年暑天，因为身体不好而停工，顺便看了不少理论书；这一回替你买理论书，我也买了许多，这几天已陆续看了三本小册子：关于辩证唯物主义的一些基本知识，批评与自我批评是苏维埃社会发展的动力，社会主义基本经济规律。感想很多，预备跟你随便谈谈。

第一个最重要的感想是：理论与实践绝对不可分离。学习必须与现实生活结合；马列主义不是抽象的哲学，而是极现实极具体的哲学；它不但是社会革命的指导理论，同时亦是人生哲学的基础。解放六年来的社会，固然有极大的进步，但还存在着不少缺点，特别在各级干部的办事方面。我常常有这么个印象，就是一般人的政治学习，完全是为学习而学习，不是为了生活而学习，不是为了应付实际斗争而学习。所以谈起理论来头头是道，什么唯物主义，什么辩证法，什么批评与自我批评，等等，都能长篇大论发挥一大套；一遇到实际事情，一坐到办公桌前面，或是到了工厂里，农村里，就把一切理论忘得干干净净。学校里亦然如此；据在大学里念书的人告诉我，他们的政治讨论非常热烈，有些同学提问题提得极好，也能作出很精辟的结论；但他们对付同学，对付师长，对付学校的领导，仍是顾虑重重，一派的世故，一派的自私自利。这种学习态度，我觉得根本就是反马列主义的；为什么把最实际的科学——唯物辩证法，当作标榜的门面话和口头禅呢？为什么不能把嘴上说得天花乱坠的道理化到自己身上去，贯彻到自己的行为中、作风中去呢？

因此我的第二个感想以及以下的许多感想，都是想把马列主义的理论结合到个人修养上来。首先是马克思主义的世界观，应该使我们有极大的、百折不回的积极性与乐天精神。比如说："存在决定意识，但并不是说意识便成为可有可无的了。恰恰相反，一定的思想意识，对客观事物的发展会起很大的作用。"换句话说，就是"主观能动作用"。这便是鼓励我们对样样事情有信心的话，也就是中国人的"人定胜天"的意思。既然客观的自然规律，社会的发展规律，都可能受到人的意识的影响，为什么我们要灰心，要气馁呢？不是一切都是"事在人为"吗？一个人发觉自己有缺点，分析之下，可以归纳到遗传的根性，过去旧社会遗留下来的坏影响，潜伏在心底里的资产阶级意识、阶级本能等等；但我们因此就可以听任自己这样下去吗，若果如此，这个人不是机械唯物论者，便是个自甘堕落的没出息的东西。

第三个感想也是属于加强人的积极性的。一切事物的发展，包括自然现象在内，都是由于内在的矛盾，由于旧的腐朽的东西与新的健全的东西作斗争。这个理论可以帮助我们摆脱许多不必要的烦恼，特别是留恋过去的烦恼，与追悔以往的错误的烦恼。陶渊明就说过："觉今是而昨非"，还有一句老话，叫作："过去种种譬如昨日死，现在种种譬如今日生。"对于个人的私事与感情的波动来说，都是相近似的教训。既然一切都在变，不变就是停顿，停顿就是死亡，那末为什么老是恋念过去，自伤不已，把好好的眼前的光阴也毒害了呢？认识到世界是不断变化的，就该体会到人生亦是不断变化的，就该懂得生活应该是向前看，而不是往后看。这样，你的心胸不是廓然了吗？思想不是明朗了吗？态度不是积极了吗？

第四个感想是单纯的乐观是有害的，一味地向前看也是有危险的。古人说，"鉴往而知来"，便是教我们检查过去，为的是要以后生活得更好。否则为什么大家要作小结，作总结，左一个检查，右一个检查呢？假如不需要检讨过去，就能从今以后不重犯过去的错误，那末"我们的理性认识，通过实践加以检验与发展"这样的原则，还有什么意思？把理论到实践中去对证，去检视，再把实践提到理性认识上来与理论复核，这不就是需要分析过去吗？我前二信中提到一个人对以往的错误要作冷静的、客观的解剖，归纳出几个原则来，也就是这个道理。

第五个感想是"从感性认识到理性认识"这个原理，你这几年在音乐学习上已经体会到了。1951到1953年间，你自己摸索的时代，对音乐的理解多半是感性认识，直到后来，经过杰老师的指导，你才一步一步走上了理性认识的阶段。而你在去罗马尼亚以前的彷徨与缺乏自信，原因就在于你已经感觉到仅仅靠感性认识去理解乐曲，是不够全面的，也不够深刻的；不过那时你不得其门而入，不知道怎样才能达到理性认识，所以你苦闷。你不妨回想一下，我这个分析与事实符合不符合？所谓理性认识是"通过人的头脑，运用分析、综合、对比等等的方法，把观察到的（我再加上一句：感觉到的）现象加以研究，抛开事物的虚假现象。及其他种种非本质现象，抽出事物的本质，找出事物的来龙去脉，即事物发展的规律"这几句，倘若能到处运用，不但对学术研究有极大的帮助，而且对做人处世，也是一生受用不尽，因为这就是科学方法。而我一向主张不但做学问，弄艺术要有科学方法，做人更其需要有科学方法。因为这缘故，我更主张把科学的辩证唯物论应用到实际生活上来。毛主席在《实践论》中说："我们的实践证明：感觉到了的东西，我们不能立刻理解它，只有理解了的东西才能更深刻地感觉它。"你是弄音乐的人，当然更能深切地体会这话。

第六个感想，是辩证唯物论中有许多原则，你特别容易和实际结合起来体会；因为这几年你在音乐方面很用脑子，而在任何学科方面多用头脑思索的人，都特别容易把辩证唯物论的原则与实际联系。比如"事物的相互联系与相互制限""原因和结果有时也会相互转化，相互发生作用"，不论拿来观察你的人事关系，还是考察你的业务学习，分析你的感情问题还是检讨你的起居生活，随时随地都会得到鲜明生动的实证。我尤其想到"从量变到质变"一点，与你的音乐技术与领悟的关系非常适合。你老是抱怨技巧不够，不能表达你心中所感到的音乐；但你一朝获得你眼前所追求的技巧之后，你的音乐理解一定又会跟着起变化，从而要求更新更高的技术。说得浅近些，比如你练肖邦的练习曲或诙谐曲中某些快速的段落，常嫌速度不够。但等到你速度够了，你的音乐表现也决不是像你现在所追求的那一种了。假如我这个猜测不错，那就说明了量变可以促成质变的道理。

以上所说，在某些人看来，也许是把马克思主义庸俗化了；我却认为不是庸俗化，而是把它真正结合到现实生活中去。一个人年轻的时候，当学生的时候，倘若不把马克思主义"身体力行"，在大大小小的事情上实地运用，那末一朝到社会上去，遇到无论怎么微小的事，也运用不了一分一毫的马克思主义。所谓辩证法，所谓准确的世界观，必须到处用得烂熟，成为思想的习惯，才可以说是真正受到马克思主义的锻炼。否则我是我，主义是主义，方法是方法，始终合不到一处，学习一辈子也没用。从这个角度上看，马列主义绝对不枯索，而是非常生动、活泼、有趣的，并且能时时刻刻帮助我们解决或大或小的问题的，——从身边琐事到做学问，从日常生活到分析国家大事，没有一处地方用不到。至于批评与自我批评，我前二信已说得很多，不再多谈。只要你记住两点：必须有不怕看自己丑脸的勇气，同时又要有冷静的科学家头脑，与实验室工作的态度。唯有用这两种心情，才不至于被虚伪的自尊心所蒙蔽而变成懦怯，也不至于为了以往的错误而过分灰心，消灭了痛改前非的勇气，更不至于茫然于过去错误的原因而将来重蹈覆辙。子路"闻过则喜"，曾子的"吾日三省吾身"，都是自我批评与接受批评的最好的格言。

从有关五年计划的各种文件上，我特别替你指出下面几个全国上下共同努力的目标：——增加生产，厉行节约，反对分散使用资金，坚决贯彻重点建设的方针。

你在国外求学，"厉行节约"四字也应该竭力做到。我们的家用，从上月起开始每周做决算，拿来与预算核对，看看有否超过？若有，要研究原因，下周内就得设法防止。希望你也努力，因为你音乐会收入多，花钱更容易不加思索，满不在乎。至于后面两条，我建议为了你，改成这样的口号：反对分散使用精力，坚决贯彻重点学习的方针。今夏你来信说，暂时不学理论课程，专攻钢琴，以免分散精力，这是很对的。但我更希望你把这个原则再推进一步，再扩大，在生活细节方面都应用到。而在乐曲方面，尤其要时时注意。首先要集中几个作家。作家的选择事先可郑重考虑；决定以后切勿随便更改，切勿看见新的东西而手痒心痒——至多只宜作辅助性质的附带研究，而不能喧宾夺主。其次是练习的时候要安排恰当，务以最小限度的精力与时间，获得最大限度的成绩为原则。和避免分散精力连带的就是重点学习。选择作家就是重点学习的第一个步骤；第二个步骤是在选定的作家中再挑出几个最有特色的乐曲。譬如巴哈，你一定要选出几个典型的作品，代表他键盘乐曲的各个不同的面目的。这样，你以后对于每一类的曲子，可以举一反三，自动的找出路子来了。这些道理，你都和我一样的明白。我所以不惮烦琐的和你一再提及，因为我觉得你许多事都是知道了不做。学习计划，你从来没和我细谈，虽然我有好几封信问你。从现在起到明年（1956）暑假，你究竟决定了哪些作家，哪些作品？哪些作品作为主要的学习，哪些作为次要与辅助性质的？理由何在？这种种，无论如何希望你来信详细讨论。我屡次告诉你：多写信多讨论问题，就是多些整理思想的机会，许多感性认识可以变做理性认识。这样重要的训练，你是不能漠视的。只消你看我的信就可知道。至于你忙，我也知道；但我每个月平均写三封长信，每封平均有三千字，而你只有一封，只及我的三分之一（莫非你忙的程度，比我超过200、100吗）。问题还在于你的心情：心情不稳定，就懒得动笔。所以我这几封信，接连的和你谈思想问题，急于要使你感情平下来。做爸爸的不要求你什么，只要求你多写信，多写有内容有思想实质的信；为了你对爸爸的爱，难道办不到吗？我也再三告诉过你，你一边写信整理思想，一边就会发见自己有很多新观念；无论对人生，对音乐，对钢琴技巧，一定随时有新的启发，可以帮助你今后的学习。这样一举数得的事，怎么没勇气干呢？尤其你这人是缺少计划性的，多写信等于多检查自己，可以纠正你的缺点。当然，要做到"不分散精力"，"重点学习"，"多写信，多发表感想，多报告计划"，最基本的是要能抓紧时间。你该记得我的生活习惯吧？早上一起来，洗脸，吃点心，穿衣服，没一件事不是用最快的速度赶着做的；而平日工作的时间，尽量不接见客人，不出门；万一有了杂务打岔，就在晚上或星期日休息时间补足错失的工作。这些都值得你模仿。要不然，怎么能抓紧时间呢，怎么能不浪费光阴呢？如今你住的地方幽静，和克拉可夫音乐院宿舍相比，有天渊之别；你更不能辜负这个清静的环境。每天的工作与休息时间都要安排妥当，避免一切突击性的工作。你在国外，究竟不比国内常常有政治性的任务。临时性质的演奏也不会太多，而且宜尽量推辞。正式的音乐会，应该在一个月以前决定，自己早些安排练节目的日程，切勿在期前三四天内日夜不停的"赶任务"，赶出来的东西总是不够稳，不够成熟的；并且还要妨碍正规学习；事后又要筋疲力尽，仿佛人要瘫下来似的。

我说了那么多，又是你心里都有数的话，真怕你听腻了，但也真怕你不肯下决心实行。孩子，告诉我，你已经开始在这方面努力了，那我们就安慰了，高兴了。

假如心烦而坐不下来写信，可不可以想到为安慰爸爸妈妈起见而勉强写？开头是为了我们而勉强写，但写到三四页以上，我相信你的心情就会静下来，而变得很自然很高兴的，自动的想写下去了。我告诉你这个方法，不但可逼你多写信，同时也可以消除一时的烦闷。人总得常常强迫自己，不强迫就解决不了问题。

解 析

这是给儿子傅聪的长信，在整个二百多封家书中也属于比较长的一封，信中作者仍然用平易亲切的口吻切身地体悟开导儿子：

一是学习与实践要结合，不能"为学习而学习"。在傅雷看来，一般人的学习没有或很少用于实践，只是当作"门面话"或"口头禅"，而没有"贯彻到自己的行为中、作风中去"，这是很要不得的。

二是学习马克思主义的世界观，应该提升我们的主观能动性，增强乐观精神，在困难面前不灰心、不气馁。

三是"生活应该是向前看，而不是往后看"，"过去种种譬如昨日死，现在种种譬如今日生"，这样才能不断向前。

四是单纯的乐观是有害的，一味地向前看也是有危险的。古人说，"鉴往而知来"，便是教我们检查过去，总结历史经验，为的是要以后生活得更好。

五是遵从循序渐进的学习规律，傅雷用学习音乐为例子，告诉儿子："我一向主张不但做学问、弄艺术要有科学方法，做人更需要有科学方法。因为这缘故，我更主张把科学的辩证唯物论应用到实际生活上来。"

六是音乐训练需要积累，就像"量变可以促成质变的道理"，以此来解除傅聪在学习音乐中的疑惑。

七是倘若不把马克思主义"身体力行"，在大大小小的事情上实地运用，那么一朝到社会上去，遇到无论怎么微小的事，也运用不了一分一毫的马克思主义。"所谓辩证法，所谓准确的世界观，必须到处用得烂熟，成为思想的习惯，才可以说是真正受到马克思主义的锻炼。"教导孩子"知行合一"才有意义的道理。

八是条件好了，也要"厉行节约""珍惜光阴"，引导孩子培养优秀品行。

九是为人处世要稳重，强调"选择事先可郑重考虑；决定以后切勿随便更改，切勿看见新的东西而手痒心痒"。

十是人生在世，要多学习、多思考，"但也真怕你不肯下决心实行"。

其实，家书这种形式，本身就是家常中藏着道理，聊天中带着训导，沟通中透着感情，读的时候没有一二三点，仔细品味才知道情深意长。这封家书应该是一个见证，让我们看到在20世纪50年代，像傅雷这样才艺双馨、品学兼优的知识分子是如何修德进学、治家教子的。